国家级一流本科专业建设点配套教材·数字媒体艺术专业系列
高等院校艺术与设计类专业"互联网+"创新规划教材

服务设计

赵 璐 张 超 尹香华 编著

内 容 简 介

本书是一本基于服务设计思维在设计实践与创新中的运用,系统阐述服务设计相关理论知识、服务设计流程与方法、服务设计工具使用的设计教材,旨在培养学生树立设计的系统观、以用户为核心的服务设计思维,使学生初步掌握规划服务、组织服务资源、执行服务活动的方法。

本书分为5章。第1章至第4章涵盖了服务设计的基本知识点,为基本课程教学内容和实训练习安排,第5章为项目实践与创新案例,可供学生在创作中进行全案参考学习和研究。

本书既可以作为高等院校服务设计专业方向及相关艺术设计专业的教材,也可以作为行业爱好者的自学参考用书。

图书在版编目(CIP)数据

服务设计 / 赵璐,张超,尹香华编著. -- 北京:北京大学出版社,2024.9. --(高等院校艺术与设计类专业"互联网+"创新规划教材). -- ISBN 978-7-301-35563-3

Ⅰ.TB47

中国国家版本馆CIP数据核字第20249AN215号

书　　名	服务设计 FUWU SHEJI
著作责任者	赵　璐　张　超　尹香华　编著
策划编辑	孙　明
责任编辑	孙　明　王圆缘
数字编辑	金常伟
标准书号	ISBN 978-7-301-35563-3
出版发行	北京大学出版社
地　　址	北京市海淀区成府路205号　100871
网　　址	http://www.pup.cn　新浪微博:@北京大学出版社
电子邮箱	编辑部 pup6@pup.cn　总编室 zpup@pup.cn
电　　话	邮购部 010-62752015　发行部 010-62750672　编辑部 010-62750667
印　刷　者	天津中印联印务有限公司
经　销　者	新华书店
	889毫米×1194毫米　16开本　11.5印张　368千字 2024年9月第1版　2024年9月第1次印刷
定　　价	69.00元

未经许可,不得以任何方式复制或抄袭本书之部分或全部内容。
版权所有,侵权必究
举报电话: 010-62752024　电子邮箱: fd@pup.cn
图书如有印装质量问题,请与出版部联系,电话: 010-62756370

前 言
PREFACE

服务设计实践与创新课程是重要的设计专业课程之一。通过本课程的学习，学生可以了解服务设计的相关理论知识，紧跟党的二十大精神，坚持以人民为中心，推动创新发展。服务设计坚持设计以人为中心，倾听用户声音，关注用户感受，树立设计的系统观；使学生初步掌握规划服务、组织服务资源、执行服务活动的方法，能够在设计活动中有意识地将人、基础设施、通信交流及物料等相关因素进行整合利用；鼓励服务设计师不断创新，勇于突破传统模式，探索适应时代需求的新型服务方式，增强服务设计的前瞻性和创造性，培养服务设计师的基本素养，从而提升用户体验并提高服务质量。关于本书的编写及教学安排，编者有如下思考和建议。

一、服务设计推动设计更新升级

服务设计以设计思维和数字化手段，规划服务、组织服务资源、执行服务活动，在设计活动中有意识地将所涉及的人、物、行为、环境、社会之间的关系进行有效梳理整合，体现了"新文科"建设的传承创新、交叉融合、协同共享的发展理念，促进在服务设计、信息设计视角下，多学科交叉与深度融合，推动设计的更新升级。

二、关于课程内容组织

本书共分为5章。前面两章通过介绍服务设计的概念与特点、历史及发展、应用领域与设计思考，以及服务设计的原则、服务体验设计的构成要素和设计流程，使学生充分掌握服务设计的相关理论知识。第3章和第4章分别讨论服务设计的具体应用方法，通过观察进行用户调研的方法，包括观察的方法论、投入与共同参与、用户调研与用户确认、个人访谈、脉络采访、情景访谈，以及文化技术调研和调研结果整理；服务体验设计的工具与方法，包括用户画像、用户旅程图、利益相关者地图、服务蓝图、服务系统图、商业模式画布和故事板，使学生能够灵活运用方法指导实践。最后一章通过实际案例展示了对服务体验设计的实践与赏析，通过具体案例分析提升学生的实践实训能力。

三、关于教学重点

1. 服务设计概念与历史发展

服务设计的概念与特点部分，重点阐述了服务设计的基本概念，即通过设计来创造和改善服务体验；以及服务设计的特点，包括不可见性、可变性、不可存储性、服务中的互动性等。服务设计的历史及发展部分，介绍了服务设计的起源和发展历程，展望了未来服务设计的发展方向。服务设计的应用领域与设计思考部分，重点探讨了服务设计在不同领域中的应用，以及服务设计师在实践中需要关注的思考要点。学生需要着重掌握服务设计的五大基本原则，即以人为本的原则、共创性原则、有序性原则、迭代性原则和整体性原则，这些原则在服务设计实践中具有指导意义。

教学目的是有效地引领学生掌握服务设计的概念及设计方法，促进其对服务设计意识的理解与建立，学习服务设计的历史与思维方式，充分领会服务与设计的关系。

2. 服务体验设计的工作原理与设计流程

首先，本部分通过解释服务体验设计的概念和构成要素，强调服务体验设计的重要性和影响因素；其次，让学生了解斯坦福大学五阶段式设计思维模型（以下简称"D.School"）设计流程和双钻模型设计流程，这两种流程是服务体验设计过程中常用的方法和工具。D.School设计流程包括移情阶段、定义阶段、构思阶段、原型阶段和测试阶段；而双钻模型设计流程包括发现、探索与洞察阶段，定义、理解与分析阶段，构思、想象与测试阶段，以及交付、构建与实现阶段。这两种设计流程都对服务设计师在服务体验设计过程中进行项目管理和方法指导具有重要的作用。

教学目的是使学生了解服务体验设计的流程，包括构成要素和两种常用的设计流程（D.School 设计流程和双钻模型设计流程）；让学生掌握服务体验设计中各个阶段的概念和作用，以及理解设计流程的具体步骤和方法；同时，让他们明白在服务体验设计中，如何将这些理论知识应用到实际项目中。

3. 服务体验设计的工具和方法

本部分旨在让学生重点掌握服务体验设计过程中常用的工具和方法，包括用户画像、用户旅程图、利益相关者地图、服务蓝图、服务系统图、商业模式画布和故事板；掌握这些工具和方法的定义、使用技巧、使用流程及模板示例，以便他们能够在实际项目中运用这些工具和方法进行服务体验设计；同时通过实际案例的引用，让学生理解这些工具和方法在实际服务设计中的应用和价值。

教学目的是培养学生分析和解决实际问题的能力，让学生通过运用所学的工具和方法来设计和改进服务体验；增强学生的团队合作意识，通过案例研究和讨论，鼓励学生在团队中分享想法并协作解决服务设计中的问题；培养学生的沟通和表达能力，让他们能够清晰地传达他们的设计思路和解决方案；培养学生对用户需求和体验的关注和关怀，提高对用户体验设计重要性的认识。

四、关于实践与创新

本书提供了完整的服务设计理论框架和实践方法，同时结合多个案例分析，通过实际项目的介绍，精准到每个阶段的设计方法、工具和实际操作步骤，对多种工具和方法进行了深入的剖析和讲解，包括用户画像、用户旅程图、服务蓝图、商业模式画布等，帮助读者理解和掌握这些工具的使用方法。

书中还针对不同领域的服务体验设计进行了具体案例分析，涉及非物质文化遗产、数字化转型、传统产业转型等方面，并且对每个案例都进行了详细的前期研究、信息调研、方法分析、服务设计流程分析和创新应用的描述，让读者能够从实际案例中学习到设计的具体流程和方法，展示服务设计方法在不同领域的应用。这使得本书不仅具有理论指导性，而且能够帮助读者深入了解实践中的设计流程和方法，从而在实际工作中更好地应用服务设计的理念和技术。

五、关于课题训练

本书注重课题训练的教学实践与创新性作业设计，在各章的开篇明确了教学要求和目标、章节要点及引言；在各章的结尾统一布置了课题内容（课题时间、教学方式、要点提示、教学要求、训练目的）、其他作业、理论思考等课题训练要素。

本书的最后一章是服务设计实践与创新的项目案例，通过多个实际的项目实践案例，促进多学科交叉与深度融合，探寻数字媒体语境下的创新设计，推动服务设计的更新升级，解决可持续发展的多样问题；培养学生掌握设计学、创新思维方法基础知识，对服务设计领域进行系统分析，发现需求及问题所在；引导学生运用相关科学原理思考问题，识别和判断服务设计领域中问题的关键环节；让学生认识到解决服务设计领域的复杂问题有多种方案可选择，学会研究并寻求解决方案；让学生通过服务设计基本原理，借助文献研究，分析复杂问题过程中的影响因素，设计出有效的设计作品。

六、建议课时安排

（1）一般艺术学院的课程实行每周 16 学时制，4 周共 64 学时，部分学院课程安排是 3 周共 48 学时。本书第 1 章至第 4 章涵盖了服务设计的基本知识点，这 4 章为基本课程教学内容和实训练习安排，第 5 章为项目实践与创新案例，可供学生在创作中进行全案参考学习和研究。

（2）本书可以专供数字媒体领域的服务设计思维课程教学使用，在 4 周 64 学时或 3 周 48 学时的课程中，以本书第 1 章、第 2 章、第 4 章为教学重点；其中，第 1 章、第 2 章为基本知识点，可作基础性讲授和理解，第 4 章为理论性工具练习。

在本书的编写过程中，编者的学生钟聘婷、邵歆晔、张奈淇收集整理了大量资料；本书的部分概念并非独创性成果，而是在各领域服务设计研究基础上的整合，同时书中所使用的作业图例为作者本人与尹香华老师在鲁迅美术学院中英数字媒体（数字媒体）艺术学院服务设计课程中教学指导的优秀学生作品，在此对相关学生一并表示衷心的感谢！

感谢鲁迅美术学院副院长赵璐教授的全力支持及在学术方面的指引、督促和帮助；感谢北京大学出版社孙明编辑的整体统筹与安排及在出版过程中的支持和帮助。

编者从事服务设计教学与实践多年，试图挖掘在数字媒体框架下服务设计的实践与创新，希望本书能为服务设计发展贡献绵薄之力，愿与有志学习服务设计的读者共同探讨。由于作者水平有限，书中不妥之处在所难免，恳请专家、学者及广大读者提出宝贵意见。

张超

2024 年 7 月

【资源索引】

CONTENTS

CHAPTER 1

第 1 章　服务设计的概念

1.1　服务时代 / 003
　　1.1.1　人类社会发展中的经济时代 / 003
　　1.1.2　服务新时代 / 004

1.2　服务设计的概念与特点 / 006
　　1.2.1　服务设计的概念 / 006
　　1.2.2　服务设计的特点 / 009

1.3　服务设计的历史及发展 / 011
　　1.3.1　服务设计的历史 / 011
　　1.3.2　服务设计的发展及未来展望 / 014

1.4　服务设计的应用领域与设计思考 / 016
　　1.4.1　服务设计的应用领域 / 016
　　1.4.2　服务设计思考 / 018

1.5　服务设计的原则 / 018
　　1.5.1　以人为本的原则 / 019
　　1.5.2　共创性原则 / 020
　　1.5.3　有序性原则 / 020
　　1.5.4　迭代性原则 / 021
　　1.5.5　整体性原则 / 022

CHAPTER 2

第 2 章　服务体验设计的流程

2.1　服务体验设计的构成要素 / 027
　　2.1.1　服务体验设计的概念 / 027
　　2.1.2　构成要素的分类 / 028
　　2.1.3　构成要素中各分类的作用 / 029

2.2　D.School 设计流程 / 030
　　2.2.1　移情阶段 / 031
　　2.2.2　定义阶段 / 031
　　2.2.3　构思阶段 / 031
　　2.2.4　原型阶段 / 032
　　2.2.5　测试阶段 / 032

2.3　双钻模型设计流程 / 032
　　2.3.1　发现、探索与洞察阶段 / 032
　　2.3.2　定义、理解与分析阶段 / 036
　　2.3.3　构思、想象与测试阶段 / 041
　　2.3.4　交付、构建与实现阶段 / 048

目 录

CHAPTER 3

第 3 章　通过观察进行用户调研

3.1　观察的方法论 / 057

　　3.1.1　观察的基本技巧 / 057
　　3.1.2　观察的方法分类 / 059

3.2　投入与共同参与 / 061

3.3　用户调研与用户确认 / 062

　　3.3.1　用户定性调查 / 062
　　3.3.2　用户确认 / 063

3.4　个人访谈、脉络采访、情景访谈 / 063

　　3.4.1　个人访谈 / 063
　　3.4.2　脉络采访 / 064
　　3.4.3　情景访谈 / 066

3.5　文化技术调研与调研结果整理 / 068

　　3.5.1　文化技术调研 / 068
　　3.5.2　调研结果整理 / 069

CONTENTS

CHAPTER 4

第 4 章　服务体验设计的工具与方法

- 4.1　用户画像 / 075
    - 4.1.1　用户画像的定义 / 075
    - 4.1.2　用户画像的使用方法 / 076
    - 4.1.3　用户画像的使用流程 / 076
    - 4.1.4　用户画像的模板示例 / 078

- 4.2　用户旅程图 / 082
    - 4.2.1　用户旅程图的定义 / 082
    - 4.2.2　用户旅程图的使用方法 / 082
    - 4.2.3　用户旅程图的使用流程 / 082
    - 4.2.4　用户旅程图的模板示例 / 085

- 4.3　利益相关者地图 / 090
    - 4.3.1　利益相关者地图的定义 / 090
    - 4.3.2　利益相关者地图的作用 / 090
    - 4.3.3　利益相关者地图的使用流程 / 091
    - 4.3.4　利益相关者地图的模板示例 / 091

- 4.4　服务蓝图 / 094
    - 4.4.1　服务蓝图的定义 / 094
    - 4.4.2　服务蓝图的使用方法 / 095
    - 4.4.3　服务蓝图的使用流程 / 095
    - 4.4.4　服务蓝图的模板示例 / 096

- 4.5　服务系统图 / 100
    - 4.5.1　服务系统图的定义 / 100
    - 4.5.2　服务系统图的使用方法 / 100
    - 4.5.3　服务系统图的使用流程 / 100
    - 4.5.4　服务系统图的模板示例 / 101

- 4.6　商业模式画布 / 104
    - 4.6.1　商业模式画布的定义 / 104
    - 4.6.2　商业模式画布的使用方法 / 104
    - 4.6.3　商业模式画布的使用流程 / 105
    - 4.6.4　商业模式画布的模板示例 / 106

- 4.7　故事板 / 110
    - 4.7.1　故事板的定义 / 110
    - 4.7.2　故事板的使用方法 / 111
    - 4.7.3　故事板的使用流程 / 111
    - 4.7.4　故事板的模板示例 / 113

目 录

CHAPTER 5

第 5 章 服务体验设计实践与赏析

5.1 辽西木偶戏非遗虚拟体验——"我有一个木偶朋友" / 121

　　5.1.1 辽西木偶戏前期研究 / 121
　　5.1.2 辽西木偶戏信息调研与洞察问题 / 122
　　5.1.3 "我有一个木偶朋友"服务体验设计方法分析 / 123
　　5.1.4 "我有一个木偶朋友"服务体验设计流程分析 / 126
　　5.1.5 "我有一个木偶朋友"服务体验设计创新及应用 / 128

5.2 未来超市服务体验——"每食生活" / 134

　　5.2.1 未来超市前期研究 / 134
　　5.2.2 未来超市信息调研与洞察问题 / 135
　　5.2.3 "每食生活"服务体验设计方法分析 / 138
　　5.2.4 "每食生活"服务体验设计流程分析 / 141
　　5.2.5 "每食生活"服务体验设计创新及应用 / 143

5.3 可触摸动物园服务体验设计——"触动" / 145

　　5.3.1 可触摸动物园前期研究 / 145
　　5.3.2 可触摸动物园信息调研与洞察问题 / 146
　　5.3.3 "触动"服务体验设计方法分析 / 149
　　5.3.4 "触动"服务体验设计流程分析 / 152
　　5.3.5 "触动"服务体验设计创新及应用 / 155

5.4 数字化转型"赋能"一站式旅游服务——"趣蛇山" / 158

　　5.4.1 蛇山沟村旅游服务前期研究 / 158
　　5.4.2 蛇山沟村旅游服务信息调研与洞察问题 / 159
　　5.4.3 "趣蛇山"服务体验设计方法分析 / 161
　　5.4.4 "趣蛇山"服务体验设计流程分析 / 164
　　5.4.5 "趣蛇山"服务体验设计创新及应用 / 166

5.5 数字文化 IP 整合设计"赋能"乡村产业融合创新发展——"八旗酒集" / 172

参考文献

服务设计的概念

第 1 章　chapter 1

①

服务时代	01
服务设计的概念与特点	02
服务设计的历史及发展	03
服务设计的应用领域与设计思考	04
服务设计的原则	05

■ 要求和目标

要求：了解服务设计的相关概念，掌握服务设计以人为中心的设计思维。

目标：培养有意识地将服务设计中的人、物、行为、环境及社会等因素关联整合的全局思维，养成细心观察、精于规划实践的工作态度。

■ 本章要点

服务设计的由来

服务设计的概念与特点

服务设计的相关应用领域

服务设计的 5 项原则

■ 本章引言

服务渗透于我们的日常生活，它无处不在。服务设计发展至今，各学界都对其提出了不同的定义，而能够准确揭示服务设计独特内涵的界定仍有待考究。服务设计自身跨学科的属性要求我们从多元角度来探究这一新兴学科；通过对其历史及发展的探究，了解其精神内涵，再通过对其特点及原则的学习与掌握来深入了解这一有趣的学科。

1.1 服务时代

1.1.1 人类社会发展中的经济时代

人类社会发展至今，先后经历了4个经济时代：农业经济时代、资本经济时代、工业经济时代和信息经济时代。在当今错综复杂的社会环境中，随着经济、科技的发展和生产力规模的不断扩大，人们日益复杂的需求和资源、环境的矛盾日趋尖锐。

原有的能源供应方式越来越难以适应经济不断增长的需求，有限的资源、环境的矛盾限制着传统的社会物质经济模式的进一步发展，走可持续发展道路逐渐成为世界各国共同的战略选择。在此背景下，显然传统工业时代的模式已经不再利于人类社会的发展，那么经济增长能否通过不依赖能源消耗的方法进行呢？什么模式能够适应人们日渐增长的需求呢？各领域的研究学者将侧重点从依赖产品的工业转向基于多领域发展的服务业。英国经济学家阿·费希尔在其1935年出版的《安全与进步的冲突》一书中提出，继农业、工业以后，人类最大的产业是服务业，也就是人们通常讲的第三产业。于是，人们开始了对服务业的追逐（见图1.1）。

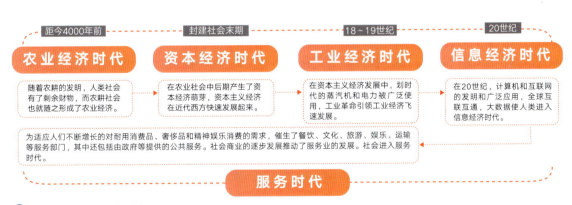

图1.1 人类社会经济时代变迁

美国著名的社会学家和未来学家丹尼尔·贝尔在1973年出版的《后工业社会的来临——对社会预测的一项探索》一书中提到，后工业社会是传统工业社会转向服务经济社会的过渡，其特征是以服务业为主导，并且在此过程中社会经济呈现出以下4个阶段：第一阶段，工业社会的发展带来运输、公共事业等辅助性服务业的扩大，能源需求和物流大量增长，引起非制造业"蓝领"的增加；第二阶段，大规模商品消费和人口激增，使销售（批发和零售）、金融、保险和不动产行业快速发展，"白领"随之增加；第三阶段，物质的丰富和国民经济收入的增加，使人们对耐用消费品、奢侈品和精神娱乐消费的需求不断增长；第四阶段，由于人们对服务业产生更多的要求，市场不能充分满足人们对较好环境、较高医疗健康和教育水平的需求，因此，基于政府（全国和地方一级政府）的公共服务事业开始发展。事实证明，全球产业结构在总体上逐渐呈现出由以商品制造为基础的"工业型经济"向以信息和知识为核心的"服务型经济"转变的总趋势，服务业在整个经济中的地位也日益提高。

1.1.2 服务新时代

"服务"一词早已融入社会环境，早在几个世纪以前服务就存在于人们的日常生活。而这里要提到的是自20世纪60年代，从传统工业模式即工业型经济转化而来的服务型经济，以及随着社会经济发展而到来的服务新时代。世界银行认识到服务业的强劲增长和服务贸易的扩大并表示："在过去的20年中，服务业在世界经济中所占的份额有所增加，而在大多数发展中地区，农业和工业的相对份额有所下降。"服务经济是大多数发达国家经济的主导部分，美国和日本因其庞大的服务经济处于世界领先地位。在中国，服务业对经济的作用正变得越来越重要。服务业被认为是继农业和制造业之后的第三产业。在过去的几年中，服务业在将数据和信息转化为知识的领域也得到了人们的认可，这种新经济主要依靠服务业。

人们对耐用消费品、奢侈品和精神娱乐消费需求的不断增长，催生了餐饮、文化、旅游、娱乐、运输等服务部门，其中还包括由政府等提供的公共服务。社会商业的逐步发展推动了服务业的发展。资料显示，美国服务业占美国国内生产总值的比例从1960年的50%发展到2018年的80%，日本、英国、德国服务业占比均超过70%，服务成了现代社会经济发展的重要组成部分。

随着人们的需求从追求物质转向追求更高的精神服务，以及互联网信息技术的发展，新的服务业态不断涌现，不同领域和行业都更加重视服务质量的提高，社会也步入了服务型社会时代，即服务时代。服务在人们的生活中占比很大。早上醒来，我们会使用闹钟服务、天气服务、代驾服务、手机健康监测服务及信息服务等。可以说，我们的日常生活中很多部分都与服务有关，我们生活在以服务为中心的时代。我国以制造业为中心的产业相对发达，而服务产业的比重相对较低。其中，私营企业形态的服务产业比重相对较高，但以文化知识结构为中心的服务产业相对比较薄弱。随着全世界服务产业的扩大，现在我们生活中服务产业的发展必将是未来的重要发展趋势。

伴随数字技术的不断发展，人们试图在技术的发展与生活的变化间找到更多交点。IT（Information Technology）技术与服务的相互碰撞，必然会无限拓宽服务市场，带来巨大变化。数字技术伴随智能手机的不断发展，将过去只能借助特殊设备或直接前往相关场所才能体验的服务，在时间和空间上，转变为用户能够随时随地体验的相关服务。数字应用程序制作的服务逐渐形成相互连接的多个环节，最终构成一个巨大的服务生态系统。现在，用户体验一项服务的同时，也可以体验这项服务附加的相互连接的数十或数百项服务。可以说，在我们的日常生活中，服务的影响力正在比过去放大无数倍。

但人们应对急剧变化的信息化时代的能力是有限的。技术正飞速发展，用户需求也在逐渐扩大，但二者会产生差距（见图1.2）。在这种情况下，再好的技术，如果不能更好地被用户接受，也将被埋没；但是如果技术被包装成服务，将能更好地被用户接受。

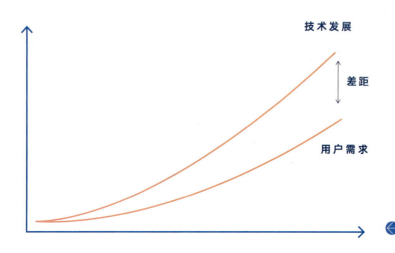

图1.2 技术发展和用户需求变化间的差距

如今在"互联网+"的日常环境下，各大生活服务平台基于人们消费习惯和支付方式的改变，把线下服务搬到线上，实现线上下单，线下消费。在这种消费模式下，服务逐渐成为商品的价值主体，便利、高效、个性化、精准是服务目标。因此，呼应数字化语境的服务数字化转型将成为商业模式转型的重要手段。人们日常生活中的衣食住行都离不开各领域提供的服务。而互联网、计算机和无线设备再次开启了服务业的许多可能性；在过去的 20 多年里，人们的生活发生了翻天覆地的变化，技术的发展改变了工作方式，为服务新时代的诞生提供了良好的环境。如今，人们日常生活中使用的汽车、手机及便利的家电服务都是人类社会步入服务时代的有力证据（见图 1.3、图 1.4）。

↑ 图 1.3 汽车服务出行

【服务新时代《中国服务者宣言》】

↑ 图 1.4 手机及便利的家电服务

现今服务设计公司正不断涌现，产品公司正通过在产品中增加服务而发展成为提供服务体验的公司。如京东，它是目前国内电子商务领域里最具影响力且最受欢迎的电子商务网站之一。除了商品本身，它还一直致力于打造自身的物流系统，为用户提供更加安全、快捷、便利的购物体验（见图 1.5）。它在物流方面的服务一直是它的特色，有时用户上午下订单，下午就能收到货，这为用户提供了很好的体验。

↑ 图 1.5 京东物流服务

1.2 服务设计的概念与特点

【什么是服务设计】

1.2.1 服务设计的概念

什么是服务设计？服务设计的核心追求是什么？服务设计是以什么样的形式存在的？服务设计作为一个新兴的设计概念，缘于时代的变革，它的存在有着特殊的价值和意义。

"服务"是伴随我们日常生活的一个高频词，服务遍布在生活的每一个角落。在社会生活及工作中，我们会遇到大量的服务，我们享受服务或为他人提供服务。如教育服务，是指各机构针对教育活动所提供的课程开发、师资培训等支持性工作；通信服务，是指为了实现人们信息传递的需求而有针对性地提供的装电话、传真和宽带等服务；旅游服务，是指旅游业服务人员通过各种设备、方法和途径为游客提供的能够满足其物质和精神需求的服务。这里提到的服务主要是指从产品延伸出来的服务，也是用户在售前、售中及售后中获得体验的过程。但是在服务设计中，服务的延伸及其核心内涵都发生了很大的变化。

简单来说，服务设计是一种设计思维方式，是人与人一起创造和改善服务整体体验并提供该服务的流程和策略的设计（见图1.6）。服务设计通过对人、物、行为、环境、社会之间的系统关系进行有效的梳理，对服务过程中的触点体验进行系统的、有组织的优化设计。服务设计以用户为中心，与利益相关者有效协作并反复迭代，是利用有序化的服务行为及真实的服务感受而获得整体服务流程及完美体验的设计活动。

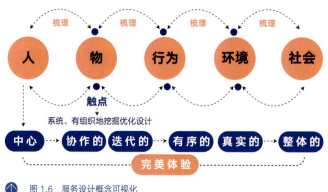

图1.6 服务设计概念可视化

通过研究国外文献我们可以了解到，服务设计的雏形是由服务营销及管理方面的学者提出的。从营销管理学、服务科学及设计学不同学科视角梳理服务设计的发展脉络能清晰得知，服务设计不是一个将服务从头到尾进行的短期项目，而是一个长期持续的过程。它通过工具、研讨和项目来将新的服务实践集成到服务流程中。服务设计能够有效地适应需求并转化为服务流程。因此可以说，服务设计的发展基于各学科的阶段性贡献，从有形的产品到无形的服务是经济转型、社会变革时期出现的一种新的设计趋势，对其深入研究有利于开启设计新时代。

自20世纪八九十年代，"服务设计"逐步被认可为学术词汇。随着时代的发展，人们逐步认可服务是需要被设计的，服务设计可规划和塑造有用、可用、可取、有效和高效的服务体验。服务设计可以帮助理解用户、市场、可用资源的关系，以及洞察用户的期望、需求和所有触点；也可以帮助发现机会，产生想法，解决问题和创建可执行的解决方案；甚至可以提供有意义的规范、指导方针和策略。

服务设计创建和塑造用户界面并精心设计服务流程的所有细节。其使用的方法和工具，为用户提供良好的服务体验。其目标是建立一种关系，在以服务为主导的新模式下，促进服务模式、设计思维模式等方面的发展，让服务设计师经历从产品到服务的理念转变，用全局观念将整体中不合理的地方优化颠覆，使每一个利益相关者都能通过服务获益。

服务设计师能够"想象、表达和设计"一般人不能看到的，想象出全新的解决方法或对已有的方案优化，敏锐察觉和解释用户需求及行为动机并以易懂的语言和优良的设计质量将它们转化为可能的服务形式，进行表述和评价。对服务提供者来说，服务设计提供了一种可能性——创造额外的价值，并且能让其区别于竞争对手，更好地利用资源，以理想的方式与用户联系。如31Volts服务设计公司所提出的"如果有两家相邻的咖啡店，以相同的价格出售相同品质的咖啡，服务设计就是那种让你想走进这家咖啡店而不是另一家的法宝"。对用户来说，服务设计可以改善日常生活和提供优质的体验。服务设计将用户的需求与服务提供者的需求联系起来，在整体环境中构建两者之间的桥梁（见图1.7）。

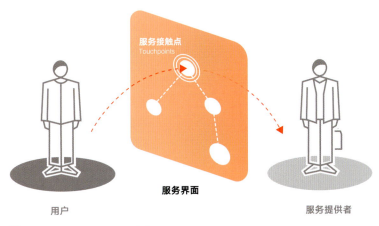

图1.7 用户与服务提供者的关系

通过这一桥梁，服务提供者能更好地关心用户，促进用户表达愿景，而用户能够更好地感受文化传递与获得情感体验。服务设计是设计整个使用流程中不同触点可以引发的体验。从服务与人发生接触的角度看，可以把服务设计理解为在用户和服务提供者的二元框架内，系统性地理解用户、组织市场、发展想法，将它们转化为可行的解决方案并实施，从而构建用户体验的设计理论和方法。

随着移动互联网的发展，5G、数字媒体、大数据等技术开始渗透到交通、旅游、餐饮、教育、金融等服务业中。交互设计、用户体验、服务设计、社会创新等设计理念渐渐成为设计创新探讨的热点，它们的共性是设计对象是无形的，区别于传统设计，符合21世纪的信息、网络和知识经济的显著特征。服务逐渐成为商品的价值主体，便利、高效、个性化、精准是服务目标，因此，呼应数字化语境的服务设计将成为商业模式转型的重要手段。大数据来源于广大用户，它本身是包含人性的，服务设计师能够通过数据分析脱去其数字的外衣，用设计思维来深度挖掘用户的行为动机和需求倾向，从中找到创新点，将产出的结果及服务回馈给用户，获取用户在体验过程中有意无意的感性数据，使这些数据再次流入大数据，以此循环，不断更正，不断创新。大数据时代，服务设计由满足用户需求到引导需求，由引导需求到吸引用户，系统地提供产品解决方案，全过程关怀用户。

服务设计既可以是有形的，也可以是无形的，由于服务设计涉及多个学科，所以其具有集不同学科的方法与工具于一体的交叉特性。不同学科，从不同的视角理解、解读服务设计都会有所不同，因此，服务设计到目前为止还没有一个明确的定义；然而，不局限于唯一的定义也正是这一不断发展的新兴的设计领域的魅力所在。为了更深刻地理解它的价值，构建更合理的服务设计认知及理论体系，我们对国内外目前影响力较大的服务设计定义进行了整理（见图1.8）。

■ 服务设计

--- 国外对服务设计的界定 →

--- 国内对服务设计的界定 →

1990年 — 霍林斯(W & G Hollins)
定义：服务的设计既可以是有形设计，也可以是无形设计；它可以是所涉及的服务及其载体本身，也可以是其他包括传达环境和行为所引出的物的设计；不管是什么形式，服务的设计必须是一致的、易用的及形成战略联盟式的行为活动。

1994年 — 英国国家标准局
定义：服务设计是一个服务塑形阶段，它能吻合潜在客户合理与可预见的需求并经济地使用可用的资源。

2002年 — 戈尔茨坦、约翰斯顿（S.M.Goldstein, R.Johnston）等
定义：设计服务即界定配置适合的物质或非物质的部件。

2004年 — 戈什(S.Ghosh)等
定义：服务设计是设计设施、服务器、设备及其他产品；它包含服务系统、服务规则、服务程序及服务政策等。

2005年 — 史密斯(Smith)等
定义：新服务开发包含服务中物质及非物质的部分，由供应商供给服务，由消费者购买、消费及评价服务；其中还包含与管理相关的元素，例如，系统、员工、物质环境、组织架构等。

斯蒂芬·莫里茨(Stefan Moritz)
定义：从设计角度阐释服务设计，服务设计是指全面体验服务的设计，以及提供服务的设计程序与策略等。

2007年 — 斯塔费尔(Staffer)
定义：服务设计犹如系统设计，是整体使用系统的渠道，人们使用产品在环境中建构程序，而服务设计则是设计进行中使用的整体系统。

国际设计研究协会
定义：服务设计从客户的角度来设置服务的功能和形式；它的目标是确保服务界面是顾客觉得有用的、可用的、想要的服务，同时是服务提供者觉得有效的、高效的和有识别度的服务。

31Volts 服务设计公司
定义：如果有两家相邻的咖啡店，以相同的价格出售相同品质的咖啡，服务设计就是那种让你想走进这家咖啡店而不是另一家的法宝。

Tung W-F.&Yuan S-T.(中文名不详，可能是我国台湾或香港的学者)
定义：服务设计包含两个方面，具有可延续性的协同生产及互相适应。

邓连成
定义：服务设计是将现存作业、时下的价值及传统设计原则下的方法与技巧，进行新组合的新名词；服务设计是一种无形经验的设计，它与人类之间有许多不同的接触点，且在一段时间内持续发生；宜将它重新定义并将其视为研发工作的一环。

2008年

2009年 — 比伊特·马杰 (Birgit Mager)
定义：服务设计旨在从用户角度出发设计有用的、可用的、想用的服务，从服务提供者的角度出发设计有效的、不同的、有效率的服务；服务设计具有策略性，它由服务提供者根据策略定位而提出不同的服务；服务设计具有系统性，包含众多不同的影响因素，因此，服务设计具有全局性视角，需考虑系统中不同行动者的需求。

倪鸣、张凌浩
定义：与产品设计不同，服务设计活动包括产品本身的设计和服务产品设计生产流程这两个方面，是一个统一体；服务产品设计可以根据不同客户设计不同服务方式，具有个性化与自主化。

2010年 — 英国设计协会
定义：服务设计关于将服务变得有用、可用、有效、高效及想用的一切。

Engine服务设计公司
定义：服务设计是一门研发及交付很棒的服务的专业；服务设计项目可以提升和提高诸如用户体验、用户满意度、用户忠诚度及使用效率。

徐志、符遵斌
定义：服务设计是指服务营销中的产品设计，即企业在向顾客提供服务的过程中，对服务项目、服务人员、服务流程、服务环境、服务风格及服务传播等方面所作的策略性思考与计划；简单地说，服务设计研究的就是如何向目标顾客提供具体的服务以达成服务目标。

2011年 — 马克·斯蒂克多恩(Marc Stickdorn)
定义：服务设计是一种交叉学科的研究方向，它包含不同学科的方法及工具；服务设计是一种新的设计思维，这种设计思维与传统基于某个专业的设计思维是大不相同的。

王粤
定义：服务设计是一个系统过程；服务设计追求经济效益最大化，是建立在社会综合效益和大环境合理化的基础上的；服务设计注重信息资源的整合优化。

2014年 — 高颖、许晓峰
定义：服务设计是一个综合而宽泛的领域，它包含的是一系列的活动和过程，但有一个重要的前提，那就是使消费者能够在这些活动过程中受用并得到值得回味的体验。

2015年 — 殷科
定义：服务设计是一种设计思维方式，突破设计与服务的界限，其立场和策略是在设计创新和服务开发之间建立新的逻辑。

罗仕鉴
定义：服务设计是一个系统的解决方案，包括服务模式、商业模式、产品平台和交互界面的一体化设计，对服务模式、设计模式、创新、创业、创投等方面的变革和发展具有推动作用。

↑ 图 1.8 国内外对服务设计的界定

1.2.2 服务设计的特点

服务的特性不同于产品，是随着时间的推移而变化的，是复杂的、互动的，并且跨越不同的触点的。正如世界领先的服务设计公司 Livework 指出的，服务设计是通过许多不同的触点触达人们体验的设计，这种体验随着时间的推移而发生。其设计及研究、开发和实现都需要以不同的方式来处理。服务设计在设计过程中集成了不同领域的特点和来自不同领域的人。这是一个新的领域，以一种新的方式链接和组织用户。服务设计的独特之处体现在以下几点。

1. 服务设计真正代表了用户的观点

为设计服务，建立对用户目标、动机和潜在需求的良好理解是很重要的。这些需求很难预测，而且大多数用户都没有意识到这些需求。为用户服务或许是服务设计的目标，但绝不仅仅局限于解决用户问题，其中还包括对设计价值内涵、整个体验流程的理论和方法的梳理，更强调通过合作创造出更加高效、合理和符合需求的服务，这是一种新的思维模式。

卡特琳娜·斯佛札在为巴西库里蒂巴的老年医院 HIZA 提供服务概念、优化体验流程时，描绘了该医院服务的缺点，即对病人的服务体验产生的负面影响，而医院负责人却不清楚问题所在，也无从着手改善；因此，她提出了共同创造的解决方案。她提到作为一名服务设计师，她的职责是分析医院的流程，确定优先关注的部分，计划和进行研究以突出其中的问题，在利益相关者的参与下，促进解决方案的构思和原型制作。其结果是通过为用户提供信息和用户情感上的参与，重点减少用户对服务的不确定性和焦虑。通过病人、医生和护理人员共同参与和研究，收集数据和创造解决方案，最终构建出理想的服务旅程，还带来了以用户为中心的指导思想，以改善病人的服务体验（见图 1.9）。

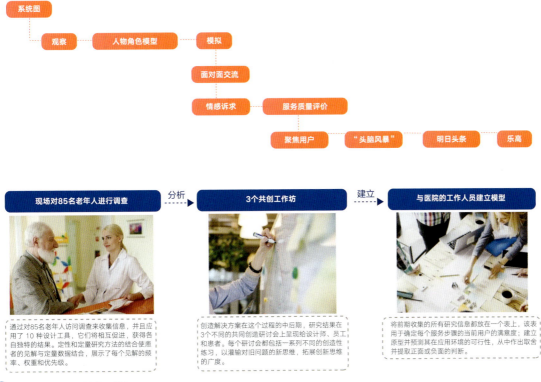

图 1.9 利益相关者协同创作

2. 服务设计迎合了服务的独特性

服务不同于产品，但在某种程度上与产品有关，正如西奥多·莱维特将产品称为"有形商品"，服务称为"无形商品"，并且提出有形商品需要这一无形服务的主张。事实证明，随着数字时代的到来，产品已经逐步成为服务的道具。然而部分服务依旧依赖产品，服务设计能够通过"设计"这一手段对"服务"进行梳理规划，从而输出细节的流程及系统的设计来迎合这一特性。服务设计包含产品，服务设计师着眼于实现用户的优质体验，从而设计出优秀的产品和服务。

3. 服务设计是一个有序的过程

服务设计以解决问题和提供服务为目标，是由服务设计理念驱动，运用服务设计思维模式不断尝试探索、发现探究、反复测试和实践改进的循环过程。这一过程中的不同阶段都有不同的、既定的、相对明确的步骤和方法来进行概念的可视化深化探索。而随着服务设计的不断发展，这一过程中的方法也将在实践中不断被优化。当下在不同服务项目中被高频运用的方法有用户画像、用户旅程图、服务蓝图（见图 1.10）、利益相关者地图等。服务设计师及包含利益相关者、用户在内的项目团队结合项目本身和团队特点筛选出适用的方法，灵活结合运用，从而更好地共同创造出一种通用简易的能共同理解的系统的完整流程。

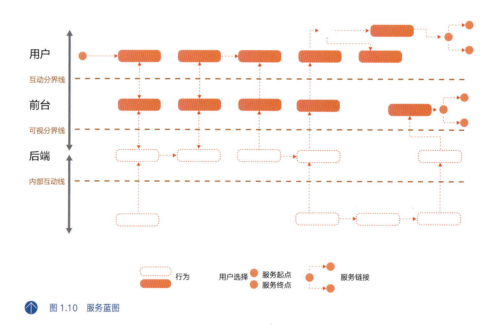

↑ 图 1.10 服务蓝图

4. 服务设计集成了跨学科、多角度的专业知识

设计逐渐走向多学科融合的方式。因此，许多设计师习惯与来自不同领域的专家实现多元化的团队协作。服务设计通常需要关注内部和外部用户，它并不是一门新的专业设计学科，而是一个新的多学科专业平台，一个有着一系列清晰明确的、可使用的工具和方法的平台。这使来自不同学科领域的人在彼此不了解互相的学科领域的情况下，也能够成功高效地完成协作，并且为整个流程的推进提供良好的基础环境。服务设计诞生于设计思维，它整合了各个领域的专业知识，在其核心部分提供了一个特定的服务，使其能够使用来自不同领域的、便利且有意义的方法更好地迎接蓬勃发展的服务经济中的各种设计挑战。

5. 服务设计是交互的

服务设计支持行为和动态，通过发现、分析与探究服务触点，服务提供者能为用户提供将潜在的结果连接起来的可能性。

现任英国兰卡斯特大学教授的丹妮拉·桑乔治博士提出服务接触包含3种与服务有关的互动，即人与人之间的互动、人与服务内容和界面之间的互动，以及人与社会系统之间的互动。丹妮拉·桑乔治博士在研究人机交互理论后，认为人机交互理论中系统的视角及相似的理论框架在服务设计中也是适用的且能够被采纳的。在各种互动关系中，由服务提供者、经营管理者、技术人员甚至用户本身组成的多元协作团队起着至关重要的作用，而服务设计师更是在服务设计的整个流程中担任着引导组织者的核心角色。其通过把控服务设计的思维模式为用户提供了执行所需的所有资源和组件。用户是服务的组成部分，服务的一大优势是它更容易作出改变。服务业比制造业更容易创新，并且能够在技术发展水平、用户需求和商业模式中灵活地寻找平衡关系。

1.3 服务设计的历史及发展

在今天，错综复杂的社会正面临着全球性危机，日益稀缺的资源对经济发展的制约作用已越来越明显。在两者矛盾日趋尖锐的背景下，产业结构呈现由"工业主导"转向"服务主导"的趋势。在此过程中，体验经济作为一种新的经济发展理念被提出，为经济发展提供了横向发展的空间。体验经济以服务为舞台，将产品作为工具，是未来创设活动的创新重点，为设计发展提供了崭新的思维模式和更多的可能性。因此，对各行业及利益相关者等而言，用户的体验往往都是至关重要的部分，服务设计的侧重点也由产品本身转向体验。服务设计作为一种跨学科的思维方式，以协作共创、价值共赢为目标，通过对用户需求及其体验的研究，来进行服务体验各要素的综合构思和创新，推动新的产业升级和可持续发展，以促使服务设计能够灵活地把控商业经济与社会发展的平衡。

1.3.1 服务设计的历史

服务业是一个历史悠久又富有生机的行业，服务无处不在，人们在日常生活中会通过各种各样的形式为他人提供服务或享受他人的服务。服务日久岁深，基于社会的发展及各领域学科的进步，被不断地丰富和完善。对服务的研究甚至能够追溯到古典经济学家们所处的时代，而服务作为一种成型的经济形态并占据国民经济的份额达到一半以上，则是二战后发生的新现象。今天，社会学、经济学、管理学、设计学等学科已经纷纷将关注焦点转移到服务并意识到服务是需要被设计的。

服务设计虽然在设计学领域还是一个年轻的学科，但是在营销学和管理学领域却能够追溯到20世纪80年代。追溯服务设计的历史发展，除了不同经济时代对其产生的重要影响，另一个起着决定性作用的因素就是人的需求。人与产品、服务、设计有着密切关系。人不仅是服务的需求者、使用者，还是服务的提供者、管理者。由此可见，服务设计的核心团队将是跨学科的、多元的，不同学科的不同阶段的大大小小的进步都将推动服务设计不断发展。所以，可以说服务设计的历史是一部有关人类社会经济时代变迁的历史，它从最初满足人们的需求转变为创造新的需求。它的最终目的是创造一个"和谐、绿色、共享、可持续"的社会，实现美好生活。服务设计的历史脉络大致能够梳理为以下3个阶段（见图1.11）。

> 萌芽时期，服务设计种类较为单一，用户两极分化，依赖产品本身，不易推广。
>
> **工业社会以前**
>
> 快速发展阶段，技术的革新带来了新动力，运用大机器来满足大众的需求，注重功能。
>
> **工业革命时期**
>
> 不断转型创新，开始注重用户体验；真正作为一门专业学科诞生，在各学科的促进下发展。
>
> **后工业化社会**

↑ 图1.11　服务设计的历史脉络

1. 第一阶段：工业社会以前的服务设计

早在人们有意识地开始分工合作时，服务设计就已萌芽。人们为了提升生存能力，提高生活质量，对工作进行分工合作来提高效率。在这一时期，生产力尚不发达，因此产品的制作主要依靠以简单劳动工具为基础的手工艺活动，针对人们日常生活的需求来提供各种产品，从而服务社会。这一阶段社会阶层分化非常严重，因此对服务设计的对象也进行了严格划分。如我国古代出现的官营手工业与民营、家庭手工业就是典型的例子（见图1.12、图1.13）。官营手工业最初占据了主导地位并代表当时最先进的技艺水平，是中国古代历代统治阶级的官府为满足统治者的生活并以满足奴隶主贵族、封建皇室与官僚集团的寄生性消费及巩固其统治的政治、军事需要为目的工业形态。这些珍奇的精美手工艺品是地位及财力的象征，但其繁杂的工艺注定了它们无法同简单实用的民间手工艺品一样被普遍推广流传。由于生产力不发达，很多手工艺品需要代代相传，因此比起美观来说，耐久实用更重要。

总体来说，这一阶段受社会生产力和阶级分化的制约，服务设计的种类较为单一，服务范围有限，用户人群两极分化，一边是类似于今天个性化定制的VIP（Very Important Person）服务，另一边是简易适用普遍的平民服务。纵观工业革命前的服务设计具有鲜明的阶层特征，没有从真正意义上普及到大众的日常生活中去，而且服务设计基本依赖于手工艺产品本身，未形成转换服务设计的思维模式。

↑ 图1.12　皇室御用茶壶（左）民间茶壶（右）

↑ 图1.13　皇室御用首饰盒（左）民间首饰盒（右）

2. 第二阶段：工业革命时期的服务设计

18世纪末英国工业革命爆发，标志着欧洲向近代社会转变。这一时期技术的革新带来了新的设计手段，人们开始尝试运用机械技术来满足大众的需求，这一阶段服务设计的重点是产品的功能服务。产品一改注重形式和装饰而倾向于塑造以功能为中心，创造理性、科学、便利及高效的形象，巧妙运用大机器生产朝着物美价廉这一目标发展。这一时期，两极分化严重的现象已不复存在，因此产品的推广不再受到阻碍，范围更加宽广且速度较快。在大机器量产的加持下，产品不再稀缺，甚至能够富余（见图1.14）。生产力的发展，在很大程度上推动了服务的发展。然而由于这一时期过度主张摒弃装饰，将功能作为评判一件产品的标准，通过判断是否满足人们对功能的需求，生产成本是否合理，以及与大机器量产的适配度来衡量评价一件产品是不是好的。然而这种生产方式使产品与服务产生了隔阂，过度注重性能而忽视了审美，造成了产品的外观几乎都是粗糙的。人们逐渐意识到了这一问题，开始注重技术（功能）与艺术（审美）之间的关系并不断研究探索两者之间的平衡，这为服务设计的进一步发展提供了有力的指导。

↑ 图1.14 工业革命时期工厂大机器生产

3. 第三阶段：后工业社会的服务设计

后工业社会这一概念是美国著名的社会学家和未来学家丹尼尔·贝尔在1973年出版的《后工业社会的来临——对社会预测的一项探索》一书中提出的。他指出后工业社会的特征就是以服务业为主导，比起商品本身，人们更加重视用户获得的体验。人们不再停留在物质需求层面，开始转向对服务体验的需求。

在此背景下，美国营销学家林恩·肖斯塔克发表了论文"How to Design a Service"及其他具有里程碑意义的言论，在营销管理学领域首次提出服务设计的概念。她提出将有形的产品和无形的服务整合的服务设计概念及服务蓝图方法，这一方法至今仍被广泛运用。它以创造出更好的服务，以便提高服务效率和利润率为目的。

而在设计学领域，服务设计（Service Design）概念的正式提出可以追溯到1991年出版的设计管理类著作《完全设计》，该著作叙述了服务设计将在现代产业中发挥作用的理由。自此，服务设计开始走入设计师的视野。同年，在设计专家迈克·厄尔霍夫的主持下，科隆国际设计学院首次将服务设计引入设计教育。2004年卡内基·梅隆大学、瑞典林雪平大学、米兰理工大学和多莫斯设计学院共同创立了全球服务设计研究组织国际服务设计联盟（Service Design Network，简称"SDN"）。而1992年至2000年，现今被广泛应用的熟悉的概念开始出现。如人物原型的概念于1994年被国际商业机器公司（International Business Machines，简称"IBM"）提出，服务科学、管理与工程及用户旅程地图等概念相继于1998年被提出。随着服务的理念及方法被不断充实和完善，服务的含义也逐渐向人需要的各种深度和广度扩展。2001年，欧洲首家专业服务设计咨询公司Livework在英国成立，此后越来越多的服务公司及组织机构相继诞生。美国著名设计公司IDEO自2002年开始导入服务设计的理念，为用户提供创新协助，以及横跨产品、服务与空间三大领域的体验设计与服务设计；还有荷兰服务设计公司 31Volts 等。2018 年，服务设计在中国被官方认证，商务部、财政部、海关总署发布了《服务外包产业重点发展领域指导目录（2018 版）》。以下是对服务设计历史发展重要事件的梳理（见图 1.15）。

图 1.15　服务设计历史发展重要事件

随着服务产业的快速发展，服务设计呈现多元化并成长为新兴的领域。其范围还在不断扩大，充分体现了设计在新的历史时期、新的经济形态和技术条件下，以新的理念和方法参与社会变革的特点。

（1）设计价值的转变，从传统的"以产品为主"向"以服务体验为主"的转变。体验价值成为考量产品成功与否的关键，并且与企业的营销模式紧密结合。

（2）设计对象的转变，产品成为服务设计的工具。设计师不再局限于产品本身，综合服务前中后的完整体验流程，设计系统的流程中的每一个环节。

（3）中心转移，从"以设计师为中心"向"以人为中心"转换。随着消费需求从"满足需求"到"创造需求"的转变，人的需求导向的比重在服务设计中加重。用户、利益相关者共同参与式设计大大增强了服务的完备性，便于实现共赢。

这些转变助推着设计价值体系从生态资源的角度探索可持续发展的可能性。

1.3.2　服务设计的发展及未来展望

在如今的数字化时代，5G、新媒体、云服务、人工智能、大数据等技术已经深入我们的日常生活，且其作用越来越明显，它在改变人们的生活方式的同时，使人们的生活质量有了质的飞跃。可以预见，大数据数字信息化在未来将对人类社会乃至世界产生很大的影响。

与此同时，交互设计、服务体验、服务设计、社会创新等设计理念成为当下设计领域的热点，且能够与 21 世纪的信息、网络和知识经济呼应。服务设计的体验价值是用户在接触整个服务流程时产生的一种主观感受。而在数字化时代的加持下，服务设计能够通过大数据这一工具更加精准地捕捉到用户希望在服务中获得的文化传递和情感体验，从而创造出长期的难以取代的体验价值来满足用户（见图1.16）。大数据能够通过捕捉静态的数据，分析出潜在的丰富的交互的动态数据。因此，它能够帮助服务设计师把握服务设计中随时间变换的触点之间的动态关系，让服务设计师通过研究不断调整完善创造出此前不曾有过的创新点。对企业而言，大数据下服务设计赋能各行业的数字化转型，将成为企业转型的有效途径。

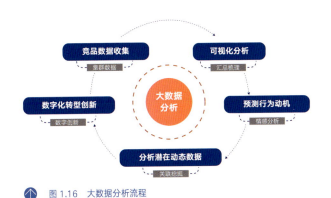

图1.16 大数据分析流程

在信息技术发达的今天，现实和虚拟的界限被打破，越来越多可用于计算的智能产品问世，越来越多的数据被收集，以及5G和智能技术快速发展，全新的服务模式由此产生。党的二十大报告强调："加快发展数字经济，促进数字经济和实体经济深度融合，打造具有国际竞争力的数字产业集群。"因此，服务设计应借助科技手段，提高智能化水平，运用先进技术为其赋能，提高服务效率并增强便利性；服务设计师应利用大数据的特点更好地捕捉用户属性。通过对数据的收集，服务设计师能够更加全面地了解到利益相关者的需求，精准地描绘用户画像；而通过分析数据，则能够找到他们之间的关联性并洞察出动态关系，以及其运动交互的规律，预测用户场景，从而精准地定位痛点（触点），迅速响应用户的需求，做到高效的高性价比的输出以提高用户的体验质量。

瑞幸咖啡（见图1.17）成立于2018年，如今成为中国数一数二的咖啡品牌，而在短短几年内这个后起之秀是如何在险些破产的情况下实现逆风翻盘的呢？首先，瑞幸能够迎合作为全球最大消费市场之一的中国市场的需求，其营销模式非常适合中国。瑞幸在线下门店、下单小程序、公众号等线下线上渠道都投放了首席福利官Lucky的企业微信二维码，这使其迅速地建立起庞大的私域流量群，灵活运用大数据互联网实现自动化运营。秉承着受众都能喝上咖啡的原则，除了亲民的价格，比起繁华的闹市，瑞幸选择将咖啡店开在办公楼和大学内部，在这些相对封闭的环境中营业，也使其在很大程度上躲避了疫情的冲击。由此可见，精准地找到痛点，运用正确的经营模式、利益相关者团队，与时俱进的创新理念对一个企业起着决定性作用。

图1.17 瑞幸咖啡

■ 服务设计

集成化创新设计是当今设计的一个热点。来自不同领域的利益相关者在服务知识领域的共享与交流，对服务创新设计、选择与组合的质量有着很大的影响。而现今，海量数据的获取、挖掘及整合，能够很好地满足这一要求，并且能够帮助服务设计师科学理性地对未来的用户的动机与行为走向进行假设分析，进而预测出未来体验价值的提升机会点。大数据还能够根据过去的案例及相关的分析，为服务设计提供坚实的数据支撑、更广阔的想象空间及更多的发展可能性，扩展新的价值空间，重构新的价值体验模式。

未来，社会很多领域都将发生较大的变化。新的工作方式，健康服务体系，娱乐、购物、出游方式，等等。未来大数据带来的不仅仅是效率的提高，更多的是服务设计体验价值创新思维的拓宽，让服务设计师在服务设计中能够精准获取触点，使服务更加贴近人，使人愉悦，创造新价值。

1.4　服务设计的应用领域与设计思考

【服务设计的价值】

1.4.1　服务设计的应用领域

服务设计起源于营销、管理、工程、服务学等多学科的交叉发展，除此之外，与其相关的前期研究也从各个角度给予了服务设计不少"养分"，如人类工程学、人类学、民族志、行为心理学等。

服务设计具有多学科交叉性，是信息与沟通技术、设计艺术学、心理学、社会学及市场学等学科的交叉研究领域，也是一个多学科融合的过程。这里强调的是服务设计的跨领域、跨学科的性质。服务设计整合了设计、管理、工程中的多种技能与方法，是一种交叉学科的研究方向，需要协同合作。这意味着服务设计集成和连接了不同领域的专业知识，并且能够借助其他学科的研究方法来解决复杂问题。

首先，服务设计师要认可服务设计汇集的不同学科专业知识领域（见图1.18），从而做到服务提供者与服务接受者在服务知识领域的集成，建立新的模型以管理服务创新知识和其他信息；其次，要理解这些具有相关专业知识的领域提供的现有资源和经验，并且能够将其整合。服务设计将新的专业知识与多学科的工作模型联系起来。它代表了一种新的工作实践，需要利用来自不同背景的最佳资源、经验。

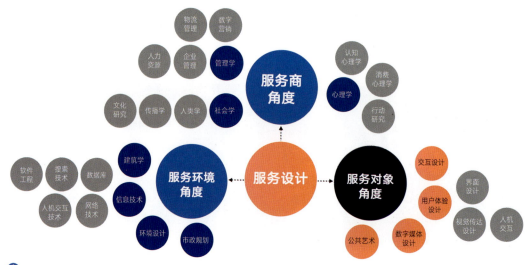

图1.18　与服务设计联系的不同领域的学科

当今的服务创新更加强调跨学科的交叉，并且以资源共享、协作共创、价值共赢为目标，集成知识，整合创新，整合"设计＋文化＋用户＋技术＋商业"，跨界探索新技术、新形态、新服务和设计等并为人所用，不断满足人民日益增长的美好生活需要。

在整个服务设计过程中，很明显这些领域的影响是服务设计的一部分，可链接到服务设计中。如图1.19，服务设计与各学科关系图基于桌面研究、与服务设计专家的访谈及对不同示例的分析。

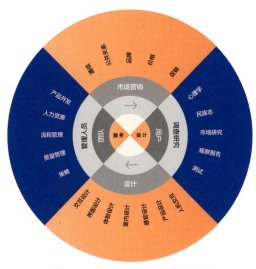

图1.19 服务设计与各学科关系图

图中的区域是与服务设计有关的重要领域。基于这些知识，服务设计可以被视为一个枢纽，汇集来自各个领域的经验、方法和工具，将它们用于服务的具体开发和创新。目前，服务设计仍处于上升发展的初级阶段，因此，服务设计师要想更好地将服务设计应用于科研、商业、工业等领域，就要更加深入地探索设计方法、技术和应用领域。

共享是现今社会发展的主流，依托于共享经济的快速发展，催生了共享充电这一服务（见图1.20）。共享充电是企业在餐厅、商场、机场、火车站、医院等公共服务区提供的充电租赁服务，是一种按时租赁模式，是共享经济中的一环。共享充电是在"共享"风口上出现的全新细分行业，随着共享经济概念的核心化，共享充电迅速收获了广大用户的青睐。用户使用移动设备扫描充电租赁设备屏幕上的二维码交付押金，即可租借一个充电宝，充电宝成功归还后，押金可随时提现并退回账户。简单来说，用户只需要"扫码—注册—付

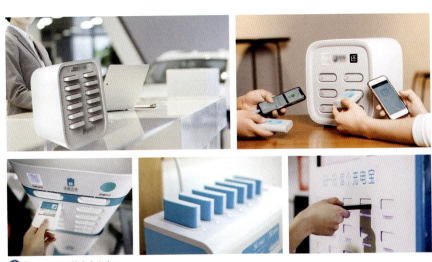

图1.20 共享充电宝

款—借出"4个步骤且耗时一般不到 3 分钟，就能够借到一个充电宝。整个过程简单易懂且迅速，用户归还时可以归还到同品牌其他仍有空位的租赁柜，这为在外用户提供了便利，节省了时间。可以说，共享充电是一种"随借随还"的城市服务及体验。

1.4.2　服务设计思考

服务设计要发展，就要打破学科的壁垒，从不同的学科中整合其优势；通过服务流程规划、视觉设计和用户环境设计来增强服务的易用性、适用性并提高忠诚度和效率，优化用户体验，为服务提供者和用户创造共同的价值。以下几点是促使这一目的实现的重要因素。

1. 增强服务设计的同理心

以用户视角思考问题、发掘需求，这需要服务设计师将自己带入每个环节，作为"参与者"亲身体验流程，设身处地地对他人的情绪和情感进行认知、把握与理解，增强服务设计的同理心。随着互联网经济的深入发展，数据已经成为当今时代重要的生产要素。服务设计师能够充分运用数据进行项目调研，洞察用户在某一服务系统中的行为、动机及需求，从而更好地填补漏洞、改进现有服务流程系统。

2. 准确地获取与表达服务触点

触点是服务提供者与用户之间互动的联系点，而一系列触点的整合体验构成了用户体验。因此，在服务设计过程中，能否准确获取和表达服务触点，连接服务提供者与用户并准确应用于服务设计，以引导或满足用户的需求是一个关键问题。

3. 集成知识，整合创新

集成化创新设计是当今设计的一个热点。由服务提供者与用户组成的利益相关者团队在服务知识领域进行共享与交流，对服务设计有着重要影响。利益相关者在服务知识领域的集成，需要建立新的模型以管理服务创新知识和其他信息，从而创造出新的设计价值。

1.5　服务设计的原则

自 2015 年，《服务设计思维》一书中首次提出了 5 个服务设计的基本原则，随着服务设计自身不断发展，其理论研究也不断完善，人们通过大量的实践研究不断测试，对服务设计又有了新的认识。

服务设计是以用户需求为基础，通过参与者共同合作，创造或优化已有服务的实用方法，即一种强调从用户需求中寻找创新机会的方法。服务设计通过对用户研究，寻找痛点、设计原型及反复测试优化来提升已有的服务，创造出新价值，从而协调满足各利益相关者的需求。服务设计要确保提供的服务对用户来说是有用的、好用的和值得期待的；对服务提供者来说是有效的、高效的和有独特之处的。为了更好地运用服务设计，服务设计师及参与者需要进一步了解服务设计的基本原则。通过对相关领域文献的研究，笔者将服务设计的原则提取概括总结为 5 项，分别为以人为本、共创性、有序性、迭代性、整体性（见图 1.21）。

▲ 图 1.21　服务设计的 5 项原则

1.5.1　以人为本的原则

近年来，来自不同领域的国内外学者对服务设计给出了不同的定义，服务设计的工具及方法也在不断丰富。但以人为本始终都是服务设计所贯彻的重要原则。党的二十大报告中，"以人为本"贯穿始终。因此，服务设计师在服务设计过程中应考虑用户的个性化需求，注重人性化设计，提供更加贴近用户心理和情感的服务体验。

与传统的以用户为中心的工业或产品设计不同，服务设计不仅需要考虑用户的需求并解决问题，还需要考虑服务从无到有。体验的流程中包含利益相关者在内的需求，这代表服务设计师除了需要考虑商品本身生命周期内的使用，还要兼顾随时间推移而产生的更多动态的、无形的因素并创造出有用的、高效的服务。

因此，服务设计不是以用户为中心的，而是以包括用户、服务提供者和服务管理者在内的利益相关者为中心的（见图 1.22）。服务设计注重综合考虑利益相关者的需求，通过建立共同语言，把感性的情感沟通元素融入服务结构，让利益相关者能够共情与联结，从而能够共同高效、愉快地完成服务流程的设计。

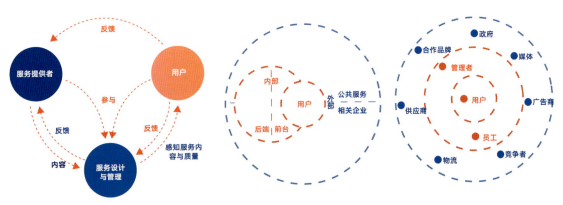

▲ 图 1.22　以利益相关者为中心

1.5.2 共创性原则

共创性是服务设计中非常重要的原则（见图1.23）。服务设计师在服务设计的过程中担任了引导组织者的角色，需要考虑整个体验流程中的利益相关者的需求并邀请他们参与设计。共同创造强调这一多元化团队各成员的积极参与。利益相关者的诉求各有不同，而主动参与服务设计，有利于获得良好的体验，找到最优解，从而实现多方共赢。

图1.23 服务设计中的共创性原则

共同创造需要注意以下3个特点。首先，共同创造是开放的；这里的开放是指在探究调研初期，服务设计师需要广泛提出具有开放性的话题，引发参与者的思考并给予参与者多元的表达机会和空间，启发参与者挖掘潜在和深层的需求。其次，共同创造是灵活的；这要求在探究中团队陷入困境、停滞不前时，服务设计师能够灵活地拓展沟通方式，巧妙地运用其他工具或方法来协调团队，建立相互启发的谈话氛围，调动各方参与者积极参与。最后，共同创造是多元的；服务设计本身就是一个多角度、跨学科的新兴设计，这代表了其团队也将由来自不同领域的不同身份的人组成。

根据共创性原则，在服务设计的过程中，团队需要根据服务项目本身从各自领域的便利方法中筛选出能够为共同创造助力的方法。

1.5.3 有序性原则

有序性是指服务设计是一项有次序的、完整的流程体验设计。如先做什么，再做什么，以及如何把控两者之间的过渡，都将对用户的体验感产生直接的影响。因此，服务设计需要充分把控包括服务前、中、后在内的系统的逻辑关系，以及随着时间的推移发生的动态的关系。

服务设计师通过考虑服务设计中各环节的关系，针对性地有顺序地引导设计，精准地控制节奏，让用户避免无聊的、重复的体验。服务设计的有序性是指以用户的舒适体验为出发点，对体验流程中的每一个触点进行精心的策划和排列设计；注重用户的情绪，让用户拥有舒适的能够产生期待的体验过程。

在服务设计中，为了进一步精准地把握合理、舒适的节奏，人们通常会运用各种方法来模拟测试已有的方案模型在实际运行中是否合理（见图1.24）。这里有一个误区，模拟测试并不是越真实精致越好，因为过于精致的设计将会限制参与者的创造和想象，基础的模型更有利于开阔思路。

图 1.24　运用不同工具进行流程模拟

1.5.4　迭代性原则

迭代性是随着服务的发展，服务设计在不断研究和实践中得出的新的重要的原则，是指在服务设计的过程中，在研究探索达到一定程度时需要进一步开展深入的研究，为上一阶段的研究查漏补缺，并且不断深化洞察和调整的循环过程。

这个过程是允许失败的，服务设计师从失败中学习，从而不断改进调整，直至使服务设计在真实的场景中能够合理高效地实现。这要求在服务设计中，能够准确洞察到已有原型存在的不足，以及在未来发展中的隐患或短板，通过循环迭代使其不断趋向面向用户时能很好地付诸实现。也就是说，服务设计师在整个流程中的每个步骤及每个阶段的"头脑风暴"中都要有迭代的意识，推陈出新。

服务设计是探索性的，基于现实构建原型，在不断研究探讨、不断实验测试后，再次改善构建原型。归根到底，迭代是一个循环上升的过程（见图1.25）。

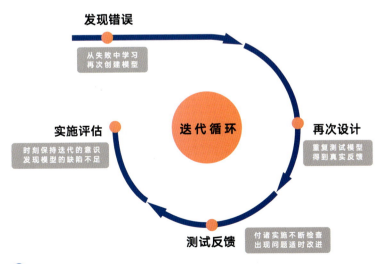

图 1.25　迭代循环流程图

1.5.5　整体性原则

整体性原则是指服务设计应当兼顾体验流程中每一个环节的持续输出来满足利益相关者的需求（见图1.26）。用户的体验是一个完整的流程，没有办法拆解，因此服务设计要关注整个服务的过程，避免出现只聚焦于一点的情况；因为即使在其中一个环节做到了极致，在其他方面考虑不周也将会对用户的满意程度产生负面影响。

服务设计的整体性要求其不能仅仅局限于用户体验，更要考虑服务前、中、后的整个环节的体验及进一步优化。服务设计，犹如一根串珠子的线，服务设计师在了解每颗珠子的优劣后，精心筛选合适的珠子，把它们串成一串漂亮的项链。因此，服务设计师在服务设计的过程中需要拥有大局观，由点及面形成全局思维，协调多方利益相关者，关注各个触点及其在整个系统中的交互关系，从而有意识地从时间维度，整体地对用户的情绪、服务的节奏和调性的一致进行把控。

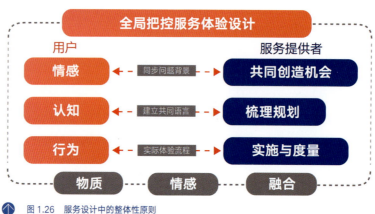

图1.26　服务设计中的整体性原则

章节训练和作业

1. 课题内容——建立服务设计思维

课题时间：2课时

教学方式：教师先给出生活中有关服务设计的案例，引导学生讨论各个设计合理与否及其优缺点，引发学生思考；再给出服务设计涉及不同行业的案例，根据案例中痛点的分析、运用的方法工具、触点的选择创新来进行分析。

要点提示：服务设计始终以人为中心，需要考虑各利益相关者的需求，因此其团队往往由包括利益相关者在内的、来自不同领域的人组成；团队的协作共创对项目的成功起着至关重要的作用，而服务设计师需要用全局思维来合理组织带领团队。

教学要求：

（1）要求观察举例生活中的服务设计；

（2）掌握调研方法，能够清楚用户的物质情感需求，发掘痛点；

（3）小组讨论，根据痛点开展创新设计，提出方案。

训练目的：要求学生观察生活，敏锐地发现生活中潜在的可发展的服务设计，有意识地主动了解现代人的需求，运用服务设计工具及创新思维来满足这一需求；为学生做服务设计项目提供思路和方向。

2. 其他作业

教师可根据教学的侧重点，选择不同类型的服务设计案例来有意识地拓展学生在该领域的思维。

3. 理论思考

（1）寻找自己认为好的竞品并分析其值得学习的地方。

（2）思考生活中有哪些不合理的服务设计，指出问题并思考解决方案。

服务体验设计的流程

第 2 章　chapter 2

服务体验设计的构成要素	01
D.School 设计流程	02
双钻模型设计流程	03

■ 要求和目标

要求：了解服务体验设计的构成要素及各分类的作用，理解 D.School 和双钻模型设计流程。

目标：能掌握并运用基本流程，对服务体验设计领域进行系统分析，发现需求及问题所在。

■ 本章要点

服务体验设计的构成要素及相互作用关系。

D.School 和双钻模型设计流程的概念及综合运用。

D.School 和双钻模型各个阶段的内容。

服务体验设计中 D.School 和双钻模型的具体体现。

■ 本章引言

服务体验设计是一项包含设计、服务、活动与环境多个因素的综合性工作，服务体验设计的程序和流程的方法论主要来源于 D.School 和双钻模型。

2.1 服务体验设计的构成要素

2.1.1 服务体验设计的概念

服务设计以为用户创造有用、便利、有效的体验为目的。体验在服务设计中尤为关键,可以说,服务体验设计是为接受服务及提供服务的人提供最佳体验的方法。服务具有无形性、异质性、不可分性等特征,通过这些特征体验服务之前,我们很难判断该服务所提供的价值。在服务体验设计中体验是非常重要的,服务体验设计的目的是为用户提供最佳的体验。因此,服务提供者必须考虑通过什么样的服务提供什么样的体验,什么样的体验是最佳体验,应该为用户提供什么样的体验等问题。

服务体验的过程可以说是服务触点的总和。服务提供者和用户相遇的触点非常重要,从用户的立场上看,这些触点将聚集在一起形成一个完整的服务体验设计。比如,用户到银行所经历的事情,在很大程度上取决于银行窗口的工作人员或系统与用户有过怎样的接触。最重要的是,只有触点够多,设计师在设计新的服务体验时,才能带来更多有意义的变化形式。如果服务的触点只有一个,那么形成好的服务体验的可能性会被大大削弱。

通过观察服务体验设计的特点,我们可以发现,好的服务可以给用户提供优质的体验,从而改变用户的行为、想法,使生活变得更加美好。在党的二十大报告中,"人民"是贯穿始终的鲜明主线。在服务设计过程中,设计师应始终将用户体验和需求放在首位,倾听用户声音,关注用户感受,以提高用户满意度和服务质量为目标。而企业通过提供好的服务,有助于提升企业的形象并走向成功。除此之外,服务体验设计能做的事情还有很多,公共机构通过为大众提供公共服务体验,能够提升其公共价值,从而引导社会变化。

在亚马逊的新配送服务中,"Amazon Prime Air"利用无人机技术在 30 分钟内完成配送,因此备受关注。该服务通过智能手机等移动设备掌握用户准确位置后,利用传感器,由无人机把货物直接送到用户手中,从而最大程度提升配送速度;同时,使退换货物更加容易。它还通过减少配送时间,增加配送服务的更多可能性,为用户提供了更好的体验。

麦当劳的外卖服务"麦乐送"(McDelivery)将原本只能在门店买到的食物轻松配送到家;从 1993 年开始,以美国为起点,逐步扩大到世界各个地区并实现 24 小时服务无障碍。该服务考虑到了无法出门购买及情况困难的用户,为其提供了便利。"麦乐送"满足了快餐所必须具备的条件,大大增加了其用户数量,提高了用户满意度;由此逐步加入手机应用程序订购结算、"得来速"迅速取餐等更多快捷服务。可见,服务设计可以帮助企业提升用户体验,增强品牌黏性。

服务体验设计的介入,不仅能为企业提升自身价值,而且在公共设计中也发挥着重要的作用。美国的服务体验设计侧重经营,更具有营利性,而欧洲则将重点放在与社会福利有关的公共设计上。

将人行横道与皮影形态结合,利用形状对人的心理暗示,引起驾驶人员的注意,从而使汽车在人行横道前减速,确保行人的安全(见图 2.1)。虽然仅是小小的改变,但这也是服务体验设计中有趣的事例之一。设计师思考怎样才能给用户提供更加安全可靠的交通环境并提出解决方案,是借助服务设计改善公共服务体验的新形态。

在瑞典首都斯德哥尔摩,一个地铁站的进出口楼梯被人别出心裁地"改装",把每一阶楼梯用油漆交替刷成了黑白两色,就像钢琴的黑白键一样(见图 2.2)。不要以为这是有人出于好玩而搞的恶作剧,这是德国大众汽车瑞典分公司的工作人员为改善人们的行为方式而设计的,将楼梯设计成钢琴键的形态,从而激发人

图 2.1　人行横道与皮影形态结合

图 2.2　钢琴楼梯设计

们走楼梯的兴趣。其目的是引导人们更多地使用自动扶梯旁的步行楼梯。该设计使人们更加乐于走楼梯的同时，提高了步行楼梯的使用率。

同样，公共服务和商务服务也相互接轨。由美国 Target 公司开发的医疗容器 Clear-RX（见图 2.3），为实现用户服药时认识错误最小化，通过服务体验设计改善了药品包装，增强了医疗容器标签的可读性；同时，为了便于病人区分药品成分使用了彩色橡胶圈的形式，并且为文盲人群增加了图标设计，增强了信息传达效果；使用药错误大大减少，销售额同年上升了 15% 以上。很多企业正从服务设计入手，逐步改善其服务体验，与公共服务结合，为用户提供便利、舒适的品牌环境、社会环境。这将是未来设计发展的必然趋势。

图 2.3　医疗容器

2.1.2　构成要素的分类

我们将服务体验设计的构成要素分为 4 种，4 种要素以金字塔的形式存在（见图 2.4）。

金字塔最下面的组成部分是触点，是指用户直接或间接接触服务的点，是用户在体验服务的过程中所经历的所有要素。触点可以是物理位置等特定场所或空间、产品、网站画面等信息，也可以是面对面交流等多种形态。通过掌握用户在体验服务的过程中所经历的所有触点，服务提供者可以更好地理解用户，提供综合的用户体验。

触点上面是为触点而设计的系统结构，系统结构可以说是构成系统的结构框架。服务提供者想要通过触点提供服务，必须具备系统来提供无形的服务；想要具备系统，就必须具备系统的结构。人们通过该结构，可以了解用户或脉络等信息和服务中提供的功能或价值等；通过服务蓝图或用户旅程图等视觉化形式记录随着时间推移在整个服务过程中的相互作用形态，可以了解服务的整体流程，以及用户与服务提供者之间以怎样的形式发生关联。

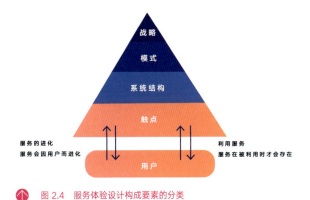

↑ 图 2.4 服务体验设计构成要素的分类

系统结构上面的模式是指用户参与的商业模式，可以使服务持续运行并得到改善。模式能够展示为用户提供服务时，对提供服务的企业和接受服务的用户有什么效果。以商业模式为例，在提供服务时，作为服务提供者的企业可以通过何种方式创造可持续的服务，其中包括价值建议，即通过服务可以提供什么价值。价值提案是简单地表示如何向用户提供价值的概念。

战略是指通过系统结构、模式向用户传达服务最终的目的和计划，展示了服务提供者最终需要的东西。它不仅应体现企业或服务的目标及展望，而且应体现企业的组织文化和用户特性，什么样的服务提供者向什么样的用户提供服务也将表现在这个构成要素上。提供服务的具体方针或接受服务的宣传方法等都应体现在战略上。

以上 4 个构成要素是服务体验设计的重要组成部分，最下方的触点是与用户最接近的部分，也应是最具体的，越往上则越抽象。

2.1.3　构成要素中各分类的作用

通过对服务体验设计构成要素的了解，我们将进一步了解服务体验设计的构成要素和各要素所涉及的专业领域和所需的专业人才（见图 2.5）。

首先，从服务体验设计中最基础的构成要素触点来看，触点是用户接触服务的起点，是对用户脉络把握和研究的重要部分。人文学领域的人才的作用非常重要，他们的作用是观察和掌握用户在怎样的环境下，通过怎样的服务获得怎样的体验。人文学领域的人才应该对用户接触服务的触点进行研究，了解用户通过触点经历了怎样的体验，感到怎样的不便，最终的要求是什么。

↑ 图 2.5 服务体验设计的构成要素和相应领域

其次，在触点和系统结构阶段，工程技术领域的人才起着重要的作用。架构是构成系统的结构，应用工程技术如何设计和构成非常重要。工程技术领域以收集的多种信息为基础，将服务系统结构化，通过该系统具体化服务中提供的功能和价值。因此，以触点和系统结构为中心，能够对这一部分作出贡献的领域是工程技术领域。此外，设计领域也起着非常重要的作用。设计领域的人才以用户为中心，将焦点放在触点和系统结构的整体部分，对用户行为进行分析和设计；以人文学为基础发现用户的不便之处或隐藏的潜在欲望，将其视觉化，并且创意形成多样的触点及服务、品牌化要素等活动。在视觉化的过程中，与工程技术领域不同，设计提供感性体验的方法也是设计师的作用，设计师在这一过程中会经常使用原型，因此设计领域起到了将看不见的、无形的服务，进行感性和视觉化转换的重要作用。

最后，在模式和战略阶段，商业领域的作用非常重要。为了服务的运营和维持，服务提供者有必要对竞争公司进行分析；另外，考虑服务的成长和扩散，考虑整体的外部环境和内部环境，树立商业战略也很重要。因此，以模式及战略为中心，能够作出更多贡献的领域是商业领域。

从结果上看，进行服务体验设计需要人文社会知识、工程技术能力、对设计的感觉、商业思考方式等多个领域的知识和能力。因此，协作很重要，如何运营服务体验设计也很重要。为了对多个领域进行理解和合作，设计师应该学会综合思考。

【设计思维】

2.2　D.School 设计流程

斯坦福大学提倡的是人本主义的设计思维，倡导的设计思维流程实质上是将对用户的关怀和用户需求放在首位，其设计流程与服务设计的核心观点是相同的，所以同样适用于服务体验设计。

D.School 在服务体验设计领域应用广泛，设计师通过了解人的需求，以以人为本的方式重新构架问题；利用"头脑风暴"，采用动手实践的方式进行原型制作和测试。这些设计思维不仅是一套创意的行为准则，而且从服务体验设计角度扩大了人们的视野，将社会、服务与产品的创新纳入设计体系。

作为一种思维的方式，它被普遍认为可以用来解决复杂问题，有助于理解问题产生的背景，催生洞察力及解决办法，并且能够理性地分析和找出最合适的解决方案。

D.School 设计流程主要包括：移情、定义、构思、原型、测试（见图 2.6）。5 个阶段具体解释——移情，了解所涉及的人类需求；定义，通过以人为本的方式重新定义问题；构思，在构思会议中创建许多想法；原型，在原型制作中采用动手方法；测试，开发问题的原型、解决方案。

图 2.6　D.School 设计流程演示

2.2.1 移情阶段

移情是设计思维过程的第一阶段（见图 2.7），是团队站在用户要解决的问题的角度理解问题。这涉及咨询专家，以获取更多相关范围内的信息；同时，团队通过观察、接触相关的人，以及设身处地地去了解他们的经历与动机，把自己带入实际环境。这样才能对所涉及的问题有更切身深入的体会。

移情，对以人为本这样的设计思维来说，是至关重要的。它让团队抛开自身对这个世界的假想推测，只为深入了解用户及其需求；根据时间限制，在此阶段大量收集信息，以便应用于下一阶段，尽可能地去了解用户群体、他们的需求及特定产品开发背后的问题。

↑ 图 2.7 移情阶段示意

2.2.2 定义阶段

在定义阶段（见图 2.8），团队要总结移情阶段挖掘收集好的信息；而在总结过程中，要分析与综合处理观察结果，以定义到目前为止所鉴别的核心问题。在此阶段，团队应当设法用问题陈述的形式去定义问题并做到以人为本。

定义阶段会帮助团队搜罗到更好的点子，来确立特征、功能与其他任何可帮助用户解决问题的因素。或者说，至少让用户自己可以不费吹灰之力地处理好问题。在此阶段，通过提出能帮助找到解决方案思路的问题，团队会逐渐进入下一阶段。

↑ 图 2.8 定义阶段示意

2.2.3 构思阶段

在设计思维过程的第三阶段，团队已准备好开始产生想法。此时团队已经逐渐了解了移情阶段的用户及其需求，在定义阶段分析并综合了观察的结果，最后得出了以人为中心的问题陈述。在这个既定的背景下，团队成员可以开始"跳出框框思考"，以找到针对其所创建的问题陈述的新的解决方案，并且也可以开始寻找查看问题的替代方法。

其中有数百种创意技巧，如"头脑风暴"、最坏的设想法和"快速跑"。"头脑风暴"和最坏的设想法通常会被用来刺激自由思考和扩展问题空间。在构思阶段（见图 2.9）开始时，团队获得尽可能多

↑ 图 2.9 构思阶段示意

的想法或问题解决方案是很重要的；在构思阶段结束时，应该选择一些其他的构思技巧，以帮助调查和测试自己的构思，这样就可以找到解决问题或提供规避问题所需元素的最佳方法。

2.2.4　原型阶段

图 2.10　原型阶段示意

在原型阶段（见图 2.10），团队将推出许多简洁的、按比例缩小的产品版本或产品中的特定功能，以便他们可以调查前一阶段产生的问题并提出解决方案。原型可以在团队内部、其他部门或团队之外的一小群人中共享和测试。

这是一个实验阶段，目的是给前 3 个阶段中发现的每个问题确定最佳的解决方案。这些解决方案是在原型中实施的，并且团队会根据用户的经验逐一进行调查，之后再决定是接受、改进，还是重新检查或拒绝。到本阶段结束时，团队将对产品固有的约束和存在的问题有一个更好的了解。

2.2.5　测试阶段

图 2.11　测试阶段示意

团队使用在原型阶段确定的最佳解决方案来严格测试完整产品。测试阶段（见图 2.11）是 5 个阶段中的最后一个阶段，但是在迭代过程中，测试阶段产生的结果通常用于重新定义一个或多个问题，并且告知用户理解、使用条件，人们如何思考，产生行为和感受，以及移情。即使在这个阶段，团队为了排除问题的解决方案并获得对产品及其用户尽可能深入的理解，也会对产品进行改进。

2.3　双钻模型设计流程

2.3.1　发现、探索与洞察阶段

发现、探索与洞察处于双钻模型中"第一颗钻石"的发现阶段（见图 2.12）。该阶段是从一种思想或灵感开始的，这种思想或灵感常常来自某种类型的发现过程。发现阶段的核心是识别用户需求，从中产生最初的想法或灵感，从而确认问题、发现满足用户需求的新产品及服务机会点。

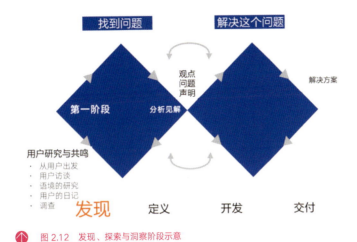

图 2.12　发现、探索与洞察阶段示意

这一过程包括几部分的工作：确立问题，确定研究群体、研究背景、研究范围、研究问题及研究计划；数据采集，团队在接到一个需求的时候，要抱着质疑的态度，质疑需求，质疑商业模式，质疑用户，质疑一切不合理的事情，然后列举用户可能遇到的实际场景元素，如位置、时间、人物、故事等，并且组织整个设计过程和节点；对前期的用户访谈、问卷调查、竞争分析、行业分析、现状数据等方面进行进一步的研究，最终得出一系列的研究结果。

数据采集方法主要包括5类：调查法，一般分为全面调查和抽样调查两大类；观察法，是指通过开会、深入现场、参加生产和经营、实地采样、进行现场观察并准确记录调研情况；实验法，是指通过实验过程获取其他途径难以获得的信息或结论；文献检索，分为手工检索和计算机检索；网络信息收集，网络信息是指通过计算机网络发布、传递和存储的各种信息。

发现阶段的特点是当一个团队打开一个解决方案空间，并且研究各种不同的想法和机会时，会面对各种不同思维所形成的差异。这个部分相当于建立数据库。在充分了解用户需求、市场数据、趋势和其他信息后，团队记录并整理想法或观点，提出假设并陈述问题，在进行设计思维的同时产生更多新的想法。

在发现、探索与洞察阶段经常用到的两种方法是用户观察法和SWOT分析法。

1. 用户观察法

用户观察法一般是指设计师根据设计任务制定相应的设计目标、研究目的和观察列表，深入挖掘用户"真实生活"中的各种现象，从中获取设计资料并为设计任务提供设计机遇点。用户观察法是设计调研中最常见的基本方法之一，也是最为方便和实用的（见图2.13）。

图 2.13　用户观察法

■ 服务设计

不同设计项目需要论证不同的假设并回答不同的研究问题,所得到的五花八门的数据也需要被合理地评估和分析。用户观察法的主要研究对象是人的行为,以及人与社会技术环境的交互。设计师可以根据观察明确定义的指标,以及描述、分析并解释观察结果与隐藏变量之间的关系。

当设计师对服务中的某些现象、有关变量,以及现象与变量之间的关系一无所知或所知甚少时,用户观察法可以帮助设计师看到用户的"真实生活"。在观察中,设计师会遇到诸多可预见和不可预见的情形。在探索设计问题时,观察可以帮助设计师理解什么是好的服务体验,分析人们在服务系统中的交互过程,从而改进服务设计。在设计调研中,用户观察法有着十分重要的意义,不管是在创新设计上,还是在改良设计上,用户观察法都非常具有优势。设计调研一开始,作为设计师就要想到设计的本源:深入用户、了解用户、发掘用户。这样才能更好地发掘设计机遇点,产生创新点。而实现这些的最基本工具之一就是用户观察法。

在传统的设计调研中,设计师通常会使用问卷调查(见图2.14),将一份包含十几个问题的问卷在网上发布,收集上来的结果也就成为设计师初期的设计依据。但为了适应互联网产品的快速迭代,问卷调查往往不能像人类学研究一样完全长时间深入研究对象的日常生活。因此,设计师可以在用户的真实使用场景中进行观察,和可用性测试结合,利用技术手段将"观察"的威力发挥到最大,进行研究前的准备和研究后的及时整理,将自己作为一个使用者融入用户的真实生活场景。

↑ 图2.14 问卷调查

总之,用户观察法的重要意义在于让设计师能够获得用户不知道该如何表达的,或是用户自身都没有意识到的信息,积累更多原始数据,从而更好地理解用户思维。

为了从用户观察中了解设计的可用性,设计师需要进行的步骤:明确设计任务的研究方向;确定研究内容、对象、地点等;明确观察的标准——时长、费用、任务量等;筛选并邀请参与人员;准备开始观察,事先确认观察对象是否允许被拍摄记录,制作与观察内容有关的表格,做模拟观察试验;执行观察;观察后的整理与分析。

在进行用户观察时,设计师要注意几个具体方面的内容:首先,务必进行一次模拟观察试验,根据设计任务确定观察对象,要从性别、年龄、地域文化上区分用户,这样才能更好地发现不同人群的需求,抓住设计机遇点;其次,所要观察的行为必须具有重复性或在某些方面具有可预测性,否则用户观察法实施的成本将很高,如果要公布观察结果,则需要询问观察对象材料的使用权限,并且确保他们的隐私受到保护;最后,要考虑好数据处理的方法,每次观察结束后应及时回顾记录并添加个人感受。整理分析观察结果,设计师要特别注意对用户和事物进行看、听、写、思考等；同时，还要进行相应的定量和定性分析，由此达到最佳效果。

因此，设计师应注意客观事实，不能通过自己的经验和主观意识来判断；保持开放的心态，接受更多意料之外的结果。

2. SWOT 分析法

SWOT 分析法（见图 2.15），即态势分析法，由优势、劣势、机会、威胁组成，这些因素皆与企业所处的商业环境息息相关。它的主要作用在于给企业的管理者提供企业整体环境的总结和归纳。一个企业的总体环境应该包括两部分，一个是外部环境，另一个是内部环境。优势是指效果良好的内部举措；劣势是指效果不佳的内部举措；机会是指组织或项目应该发展的外部因素；威胁是指在控制范围之外的可能使组织或项目处于风险中的外部因素。SWOT 分析法就是一种综合考虑内部条件和外部环境的各种因素，对企业整体环境作出综合评价，经过评价之后帮助企业管理者根据自身的整体环境现状，选择未来最合适、最佳的经营战略的方法。SWOT 分析法只是一个工具，企业用 SWOT 分析法，不是为了环境分析而进行环境分析，而是要通过 SWOT 分析法，给企业管理者提供一个环境的结论，然后帮助企业确定所处的位置，找到下一步发展的方向，选择合适的战略。这就是 SWOT 分析法的基本原理。

SWOT 分析法通常在创新流程的早期被执行。该方法的初衷在于帮助企业在商业环境中找到自己的定位并在此基础上作出决策。从 SWOT 的表格结构可以看出，SWOT 分析的质量取决于设计师对诸多不同因素是否有深刻的理解，因此，十分有必要与具有多学科交叉背景的团队合作。

SWOT 分析法的使用者通过调查列举出与研究对象密切相关的各种主要的内部优势、劣势和外部的机会、威胁等，将其排列成矩阵形式（见图 2.16），然后用系统分析的思想，把各种因素相互匹配，并且加以分析，从中得出一系列相应的决策性结论。

↑ 图 2.15　SWOT 分析法的 4 个部分

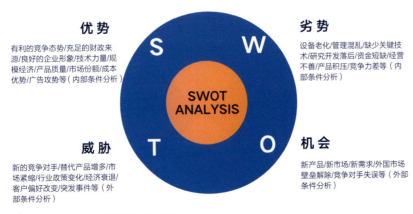

↑ 图 2.16　SWOT 分析法的具体内容

在进行内部分析时，设计师需要了解企业在当前商业背景下的优势与劣势，以及相对竞争对手而言存在的优势与劣势，从而对研究对象所处的情境进行全面、系统、准确的研究，根据研究结果制定相应的发展战略及对策等。在进行外部分析时，设计师需要分析外部环境，明确机会和威胁，从宏观和微观层面进行分析。宏观，即政治、经济、文化、社会、技术；微观，即市场"五力"（客户力、内容力、知识力、激励力、意义力）、产业因素和区域因素。

SWOT 分析法有 4 个具体步骤。

步骤一：确定商业竞争环境的范围。

步骤二：对内外部环境进行分析，找出影响环境的因素，思考对本企业经营造成重大影响的因素是什么，收集与影响因素有关的数据，对影响因素的变化进行预测；通过整理收集的信息，预测这些因素未来的变化及趋势，对正面和负面因素进行探讨，提炼出今后要应对的经营课题。

步骤三：列出企业的优势和劣势，对竞争对手进行逐条评估，将精力主要集中在企业自身的竞争优势及核心竞争力上，不要太多关注自身劣势。

步骤四：以表格的形式呈现有价值的机会和较重要的威胁，并且将企业的优劣势分析结果也简明扼要地表示出来，这个表格被称作"SWOT 矩阵"。

在进行 SWOT 分析时，设计师要注意几个具体方面的内容：首先，分析的时候必须考虑全面，对企业的优势与劣势有客观的认识，区分企业的现状与前景；其次，把优势绝对地放在第一位，优势分析不彻底，不要去谈问题，不能把"扬长"和"补短"同等对待，避免陷入寻找错误的陷阱，越过"优势"，陷在弱势里面，或者盲目乐观，只能看到优势看不到劣势，或者无限夸大优势而忽视劣势，最终当威胁突然来临的时候，只能迅速走向失败；最后，保持 SWOT 分析的简洁化，避免复杂化与过度分析。

2.3.2 定义、理解与分析阶段

定义、理解与分析处于双钻模型中"第一颗钻石"的收尾阶段（见图 2.17）。这一阶段关注的焦点是用户当前最关注、最需要解决的问题，需要根据团队的资源状况作出取舍，定义阶段可以理解为一个过滤器，团队在这一阶段进行审查、选择和舍弃；把发现、探索与洞察阶段的结果分析、发展和细化，而解决方案是进行测试和确定方向。这一过程包括以下几部分的工作。

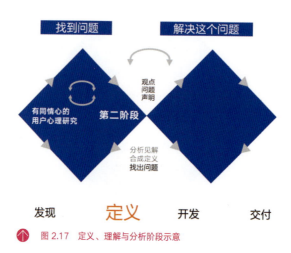

↑ 图 2.17 定义、理解与分析阶段示意

研究墙，将原始的零散信息、数据等进行汇总、整理，让团队轻松了解数据、研究方法的组合及数据类型。

数据可视化，可以帮助团队快速发现关键点，加深对信息的理解及对研究对象的移情。可视化内容主要包括用户画像、用户体验地图、利益相关者地图、同理心地图、故事板等。

关键洞察，基于前面的分析，团队需要将第一阶段发散的观点进行收缩，合并一些设计问题和发现，关注最核心的问题，形成相应的结论；发现可能存在的突破点，不断去探索还可以做的事，寻找设计机会点。形成关键洞察可以采用如下步骤：思维导图（发散及定义问题）—形成关键洞察（关键词、情绪板）—场景构建（服务描述）。关键洞察表现了用户在特定的情节中的动机、愿望和机会。

在定义、理解与分析阶段经常用到的是同理心地图、思维导图、情绪板3种方法。

1. 同理心地图

同理心地图（见图2.18）是多人协作的画布工具，主要用于呈现团队对目标用户的洞察；可以帮助团队对用户的需求形成一致的认知，减少偏见；可以建立用户画像，帮助团队确定用户研究方向、激发灵感，以及为后期的设计中提供决策支援。同理心地图是一个关注用户，有助于在产品中提升用户体验的工具。

↑ 图2.18 同理心地图

在产品设计的过程中，为了达到"以用户为中心"，团队在设计的初始阶段就应该使用同理心地图，并且将其贯穿于整个设计流程。同理心地图解释了用户行为、决定之后的深层动机，让团队可以找到用户的真实需求，从而主动为他们的真实需求而设计，因为有些动机很难被感知和表达。同理心地图让团队成员可以参与到用户体验的内在部分中去，这很难从报告中感受到，它也为设计创新打下了很好的基础；它可以在团队成员之间建立共同点，让其充分地站在用户的角度理解用户需求并确定优先级。这样团队在创建用户体验地图，或是归纳用户问题的环节中就不会因为缺乏洞察而捉襟见肘。

同理心地图探索用户的外部、可观察的世界和内部心态：用户是谁，用户在做什么、看到什么、听到什么、如何思考，他们想要什么。

创建同理心地图（见图2.19），需要收集足够多的研究材料，为同理心地图的绘制提供更多素材。同理心地图是一种定性方法，需要定性输入：用户访谈、实地调查、日记研究、倾听或定性调查。同理心地图有很多种格式，但它们都有共同的核心元素——一张大的纸被分成几个部分，中间为一个很大的空的头部。

创建同理心地图的主要流程如下。

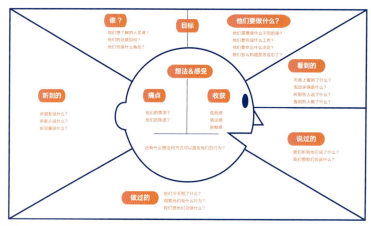

↑ 图 2.19　创建同理心地图

步骤一：确定范围和目标，始终从 1∶1 映射开始（每个同理心地图，1 个用户/角色）；这意味着，如果有多个角色，每个角色都应该有一个同理心地图；定义同理心地图的主要目的是确保团队成员都在场，以便团队与用户保持一致。

步骤二：确定使用场景，强调极限情况，如果涉及多个场景，需要分组分次讨论。

步骤三：准备材料，准备一张大的白纸，以及记号笔和便签；将白纸按格式画好。

步骤四：收集研究资料，对关键人物进行用户访谈、实地研究、电话访谈等，记录关键人物所说、所做、所想、所感。

步骤五：为每个象限生成便签，一开始，每个用户都应该被单独研究；当每个团队成员消化数据时，他们可以填写与 4 个象限对应的便签；接着，团队成员可以在白板上的地图上添加注释。

步骤六：整理研究资料完成同理心地图。

通过以上步骤，团队可以填满同理心地图中的 4 个象限，即所说、所做、所想、所感；此时通过讨论和反思，整理出用户的痛点和需求，填完最后两个区域的空白。

通过同理心地图的绘制示例（见图 2.20），团队成员共同复盘了以下几点：首先，在该图中找到了哪些认同点和偏见；其次，通过同理心地图，发现了哪些在之前研究中的弱点，用户这么说、这么做是为什么，哪些主题在象限中重复出现，哪些主题只存在于一个象限；最后，通过对以上研究的整理，明确有哪些有意义的创新可以发展。

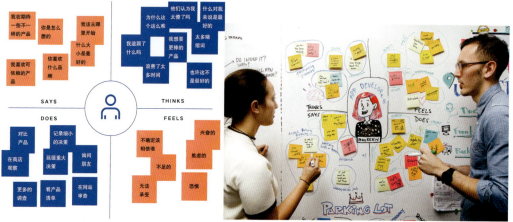

↑ 图 2.20　同理心地图的绘制示例

2. 思维导图

思维导图（见图2.21）又名心智导图、脑图、脑力激荡图，是一种视觉表达形式，是用来表达发散性思维的有效图形思维工具，它简单有效又很高效，是一种实用性的思维工具。

设计师可以通过思维导图将围绕某一主题的所有相关因素和想法视觉化，从而将对该问题的分析清晰地结构化。思维导图能直观并整体地呈现一个设计问题，对定义该问题的主要因素与次要因素十分有用。它也可以启发设计师找到设计问题的各种解决方案，标注每个方案的优势与劣势。虽然思维导图可以用于设计流程的不同阶段，但设计师通常将其用于创意的生成阶段。

一个简单的思维导图能启发设计师找到解决问题的头绪，找到各头绪之间的联系。当然，思维导图也可以用于设计项目中的问题分析阶段，或者帮助设计师在报告中整体展示自己的设计方案。事实上，思维导图的应用范围十分广泛。

思维导图是一个锻炼设计师直觉力的绝佳手段。围绕一个中心问题，思维导图中的几条主线可以是不同的解决方案。每条主线皆有若干分支，用于陈述该方案的优势与劣势。绘制思维导图并不困难，设计师可以通过训练掌握其绘制技能。思维导图的主要用途在于帮助设计师分析一个问题，因此，设计师在使用过程中要不受限制地将大脑所能想到的所有内容都记录下来。在进行小组作业时，每个人首先独立完成自己的思维导图，再集中讨论、分析会更有效。

思维导图绘制的主要流程如下。

步骤一：确定主题，绘制中心部分。

步骤二：对该主题的每个方面进行"头脑风暴"，连接中心图像和主要分支，再连接主要分支和二级分支，接着连接二级分支和三级分支，依此类推。

步骤三：根据需要在主线上增加分支。

步骤四：在每条线上使用一个关键词。

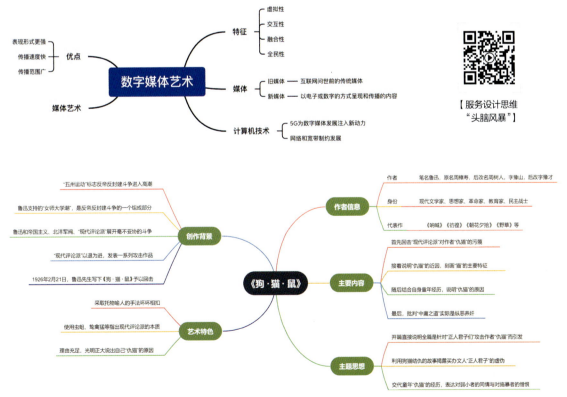

图2.21　思维导图

步骤五：研究思维导图，从中找出各个想法间的关系并提出解决方案；在此基础上，根据需要重新组织并绘制一个新的结构清晰的思维导图。

在绘制思维导图时，设计师要注意几个具体方面的内容：首先，使用图形、色彩、照片等多种手段将思维导图制作得更具可识别性；其次，绘制中注意分支不能过于垂直，分支与分支之间要有合理的间距，子主题应围绕中心主题展开，切不可生搬硬套，注意区分不同类型的元素，为不同元素之间预留空白，方便后期添加；最后，每一分支只写一个关键词，避免过长的句子。

3. 情绪板

情绪板（见图 2.22）通常是指一系列图像、文字、样品的拼贴，它是设计领域常用的表达设计定义与方向的视觉工具。设计师在设计过程中使用情绪板，可以更好地寻求设计方向、打磨设计过程，还可以在团队成员之间传递设计灵感与设计思路，使想法充分融合，从而深化设计。

情绪板作为可视化的沟通工具，可以快速地向他人传达设计师想要表达的整体感觉。设计师要帮助用户发掘其真正需求，情绪板作为一个工具可以很好地帮助设计师了解用户所希望展现的调性，从而提高生产效率和满意度。

简单来说，制作情绪板就是把自己收集的素材全部放置在一个画面中。首先，设计师需要确定制作情绪板的目的及主题；其次，确定如何使用情绪板——它是否有助于完善设计项目的设计标注，它是否可以用于交流设计愿景；最后，分析情绪板，确定最终解决方案所需要达到的标准，以此作为生成创意的参考。情绪板的灵感可以来自任何地方，如日常搜集的图片素材，或者优质的图片网站、设计网站，甚至社交媒体中用户分享的图片和内容，都能为它所用。

情绪板制作对设计师来说，是定义视觉风格和指导设计方向的依据；对团队来说，可以让团队成员相互传递设计灵感与设计思路，使想法充分融合，从而深化设计；对用户来说，可以给用户一个大致的设计方向，让用户预先看到设计出来的大概效果，参与设计。

制作情绪板的主要流程如下。

步骤一：明确原生关键词，通过产品定位、涉众访谈和以往的用户研究数据，获得大量的关键词。

步骤二：确定衍生关键词，由于第一步的原生关键词大多比较抽象，因此，需要对其进行发散和联想，通常需要较多具体关键词，这样后面才能更容易找到相应的图片，具体关键词一般都是具体的物体。

步骤三：搜集图片素材，根据原生关键词和衍生关键词搜集素材，对应视觉映射、心理映射、物化映射三大维度；搜索时具体从具象和抽象两个方向搜集。

视觉映射可以理解为联想到的视觉表现，如品质——金色、红色、几何形状；简洁——白色、直角、明

图 2.22　情绪板

亮；友好——圆形、绿色、圆角等。心理映射可以理解为联想到的心理感受，如品质——高洁、大方、贵重；简洁——整齐、干净、空旷；友好——温柔、舒服、亲切等。物化映射可以理解为联想到的物化表现，如品质——华为、腾讯、阿里巴巴；简洁——盘子、白墙、衬衫；友好——狗、毛绒玩具、围巾等。

步骤四：创建生成情绪板，归纳和整理图片，并且进行排版组成情绪板，得到与设计主题有关的内容；建立几个具有统一风格的情绪板，以便更好地捕捉与产品有关的感觉，为探索设计方向提供灵感。

步骤五：确定视觉设计策略，综合情绪板确定风格，提取图片主要颜色，明确主色；结合衍生关键词分析结果，将情绪板中的高频物化纹理和材质提取出来。

在制作情绪板时，设计师要注意几个具体方面的内容：首先，控制方案的数量，把设计方案控制在 2~3 个，前期方案大多属于试探性呈现及找方向，太多则容易导致选择困难；其次，区分重点次要，在一页内呈现的方案避免过于平均，可以适当突出某些想要重点表达的内容，保持整体风格一致性，一致性是表现一个设计师是否具有系统化思维、全局观的依据，因此，在表现情绪板时也需要关注这方面的内容，避免整体的调性不和谐；最后，完整性表达，在呈现方案时，尽量多维度地进行对比，呈现一个具有完整性、系统性的设计。

2.3.3 构思、想象与测试阶段

构思、想象与测试处于双钻模型中"第二颗钻石"的开发阶段（见图 2.23）。团队到这一步才真正开展设计创意，这一阶段在日常设计过程中也被叫作"设计预研"，不需要过于考虑技术的可行性。因为在后续阶段，看起来存在较大技术瓶颈的计划可以演变成逐步可行的开发计划。这是一个发散的、迭代的过程，细节和计划仍然会被推翻和重建，但要找到正确的计划方向，这一步是最重要的。这一阶段主要包括两部分的工作内容。

首先，想象。这是一个有趣的发散阶段，需要设计师从限制中解放出来，打开脑洞；想象期间不要评判，应用"可以……"，而不是"不行……"的心态，让任何可能发生，立足相互之间的想法。创意想象的工具和方法主要有"头脑风暴"、故事板、协同设计等。

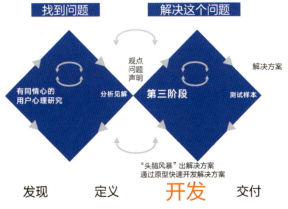

图 2.23 构思、想象与测试阶段示意

■ 服务设计

其次，测试评估。设计师测试提案、评估想法并选择最喜欢的，主要工具包含任务分析、原型设计、桌面模型、投票、可行性矩阵等；在该阶段即将结束时，评估提出的构思并选择相对合适的方案。每个团队成员对想法进行投票，经过评估之后，最终保留几种可行性高的服务设计方案继续延展。

在这个阶段，团队要把问题具体化，可以参考流行的设计趋势、好的设计网站或好的设计效果，构思设计。团队如果在构思的过程中产生了很多的想法方案，那么应该先评估一下可行性；经过评估之后，最终选择4～5种较优方案。在此阶段，部署的设计方法包括"头脑风暴"、可视化、原型设计、测试和场景开发。这些方法类似于定义阶段的方法，但更侧重于实现。

在构思、想象与测试阶段经常用到的是任务分析、触点矩阵、问题卡片3种方法。

1. 任务分析

任务分析（见图2.24）是角色分析的一个补充，是对用户的目标进行分析，优化用户体验的方法。当设计师和利益相关者进行决策上的沟通时，可能使用需求文档，或者使用不一样的东西以避免"花费几天时间让每个人在同一页面上得到一致的结论"的风险。任务分析网格就是一种有趣的、可作为标准需求文档替代品的方法，目的是在同一页面的独特图表方式的描述上，展示项目的宏观面及第一个专题和未来将要发布的专题。

任务分析可以帮助设计师了解新服务必须支持的任务，确定服务的应用领域和服务内容或优化原有的服务系统，从而更好地帮助用户完成任务。每一栏从一个情境开始，之后是任务的描述及完成这个任务的层级任务。层级任务必须是用颜色标记，被划分优先等级的。在每一个任务描述中，影响者和痛点需要被强调。此方法一般在开发阶段使用。

任务分析的主要流程如下。

步骤一：确定用户所要完成的主要任务。

步骤二：制定完成目标任务的具体流程。

步骤三：按具体流程划分次要任务。

步骤四：形成任务分析的结果描述。

步骤五：分析流程任务中不符合用户需求的部分，进行顺序调整或创新。

在任务分析时，设计师要注意几个具体方面的内容：首先，完成一项任务流程有多种形式，需要围绕目标情境寻找合适的流程方案；其次，任务流程方案需要符合特定使用场景下的用户需求逻辑，进行任务流程优化或创新。

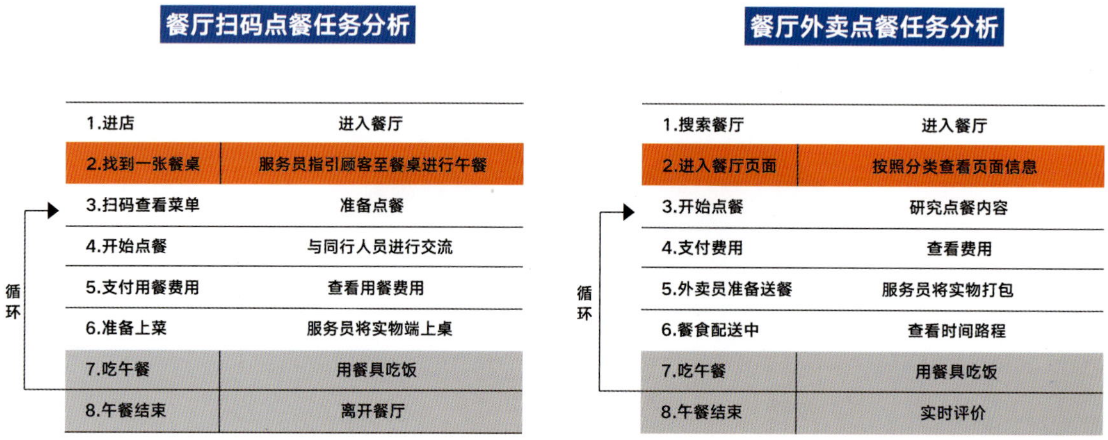

餐厅扫码点餐任务分析			餐厅外卖点餐任务分析	
1.进店	进入餐厅		1.搜索餐厅	进入餐厅
2.找到一张餐桌	服务员指引顾客至餐桌进行午餐		2.进入餐厅页面	按照分类查看页面信息
3.扫码查看菜单	准备点餐		3.开始点餐	研究点餐内容
4.开始点餐	与同行人员进行交流		4.支付费用	查看费用
5.支付用餐费用	查看用餐费用		5.外卖员准备送餐	服务员将实物打包
6.准备上菜	服务员将实物端上桌		6.餐食配送中	查看时间路程
7.吃午餐	用餐具吃饭		7.吃午餐	用餐具吃饭
8.午餐结束	离开餐厅		8.午餐结束	实时评价

图2.24 任务分析

2. 触点矩阵

触点矩阵源于米兰理工大学教授詹鲁卡·布鲁尼奥利与青蛙设计工作室的联合构想。触点矩阵的基本想法是提供视觉框架使设计师能够"连接用户体验的点",以便看到在特定产品服务体系中不同的结构、界面、内容和交互结果。

系统中的交互既是技术,也是社交基础设施,是由用户体验的结合来组织多个交叉的界面、服务、应用程序和环境等构成复杂的交互,这对设计师来说是一个新的挑战。触点矩阵提供的全链路视角和关注价值感知能力的意识让整个设计思路变得更加清晰与精准,最大化地实现了服务价值的提高。因此,对设计师来说,挖掘触点价值更是使设计提升的必要路径。此方法一般在开发阶段使用。

触点矩阵的纵轴列举系统中部分不同的设备和内容,横轴列举系统本身支持的主要行为。一旦这种结构确定,设计师将把特定角色放入其中,通过不同的触点想象角色的路径,将相关的点联系起来。通过这样的方式,触点矩阵带来了交互上更加深层的理解,便于将设计活动的注意力转移到联系上,观察分析创意机会,形成不同的体验。

触点矩阵制作的主要流程如下。

步骤一:确定触点矩阵的结构,绘制边界,识别组件及它们的连接,以使体验成为可能的方式。

步骤二:通过确定入口点、触点之间所建立的联系和目标来了解用户在系统中的旅程。

步骤三:基于据点,绘制矩阵结构图,矩阵的纵轴列举系统中部分不同的设备和内容,横轴列举系统本身支持的主要行为。

步骤四:基于矩阵结构图,设计师将特定的角色放入其中,通过不同的触点想象角色的路径并将关联的点联系起来。

在制作触点矩阵时,设计师要注意几个具体方面的内容:首先,重视与用户产生信息连接的每个"点",从用户真实路径着手,通过串联时间维度与空间维度上的"点",梳理交互行为的路径并形成系统,通过结合路径分析,发现在哪些"点"更适合传递信息、在哪些"点"存在用户的"行为摩擦",以此发现问题的关键;其次,使用系统图研究项目时,关键的设计挑战是系统的体系结构和部件配置,系统的体系结构比部件配置更重要,在系统中,交互流流经许多设备和不同的用户场景,设备使用并不总是预定义的,而是遵循其在系统内的角色的,角色根据不同的用户环境和情况,以及系统中主要和次要的任务,以一种具有偶然性和机会性的方式在用户交互过程中不断切换;最后,用户始终位于中心位置,用户是主角,他们可以自由而积极地连接触点,选择和组合系统的不同部分。

下面我们可以通过两个案例具体分析触点矩阵的应用。

首先,以数字化摄影生态系统(见图 2.25)为例来展示如何分析和可视化该系统。数字化摄影生态系统将传统的图像捕捉设备与新的数字应用程序和服务结合在一起,其中在线出版和共享应用程序扮演着重要角色。随着用户的使用,该生态系统的规模越来越大,各个部分就必须能够相互连接、沟通和交换内容,跨越品牌、公司和业务之间的障碍。如苹果公司的 iPhoto 包含 Flickr 和 Facebook 的上传和数据交换功能。

在系统图上,各个部分可以分配到不同的用户体验阶段:图像捕捉和制作,照片管理和编辑,在不同媒体上的数字和物理发布,以及数字共享。

在本案例中,在场景 A 和 B 中,相同的部件和触点以不同的配置组合在一起,塑造用户体验。

而摄影用户体验触点矩阵用比数字化摄影生态系统更具分析性的方式来表现摄影用户的体验(见图 2.26)。摄影用户旅程的主要阶段决定了该矩阵的水平维度:捕捉信息、经营、发布/查看和分享。每个阶段都与用户的意图和关键活动对应。该矩阵还从垂直维度列出了系统的一些关键触点。

服务设计

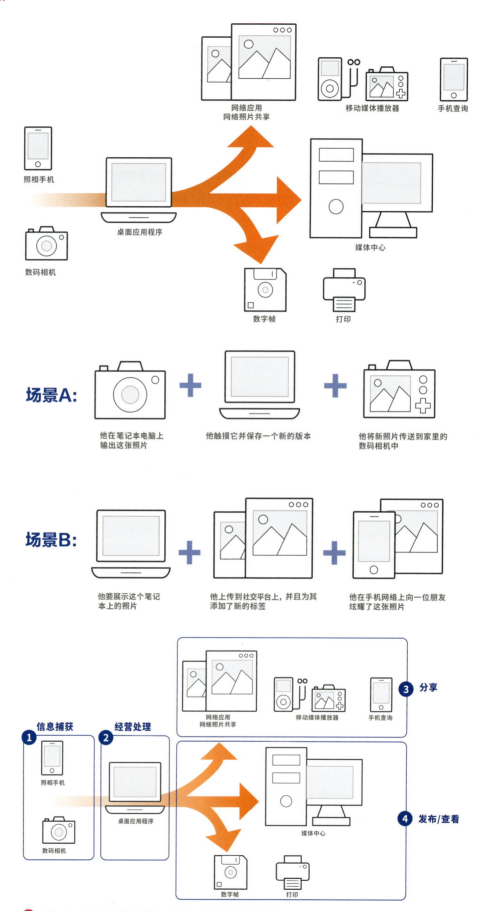

图 2.25 数字化摄影生态系统 / 詹鲁卡·布鲁尼奥利 / 意大利

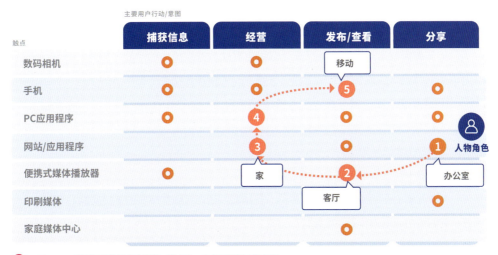

图 2.26 摄影用户体验触点矩阵 / 詹卢卡·布鲁尼奥利 / 意大利

触点是用户在体验过程中接触到的系统的任何物理或数字元素。它可以是硬件设备、软件应用程序、Web服务，甚至是物理空间或工具。交叉点代表潜在的用户操作，即体验每一步的活跃触点。因此，相同的触点可以扮演不同的角色，或者以不同的方式被利用。我们将矩阵中的点连接起来，就可以勾勒出不同场景中每个角色的用户体验的不同配置。序列一般基于不同的入口点、用户目标，以及数据和操作流程。

3. 问题卡片

问题卡片（见图2.27）是团队内部用来引导和提供动态交互内容的像销钉一样的实体工具。每张问题卡片可以包含一段感悟、一张图片、一幅画或一段描述，即任何能够为问题提出新的解释，或者能将假设导向不同观点的内容。所得结果就是这些参考内容定义的新的转折和机遇。问题卡片的内容须多样且简洁，以保证此工具的成效。

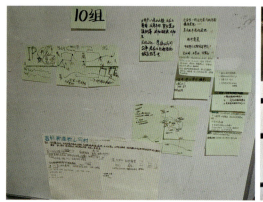

↑ 图 2.27 问题卡片

问题卡片可以在用户旅程图、利益相关者地图、服务系统图及服务蓝图绘制完成后使用，以帮助设计师或协同工作坊有针对性地进行服务设计概念的发散。通过问题卡片及服务体验，团队列出触点并把对应的问题卡片分派到各个触点上，由此对各触点存在的问题一目了然。设计师可以查看问题卡片，画出服务流程，为每个问题划分类型和优先级；也可以把问题卡片作为小工具之一使用在协同工作坊中，让没有经过调研的参与者能够快速地解决问题，并且在此基础上提出设计的相关概念。

问题卡片的主要用途是帮助设计师在设计过程中寻找服务系统中的问题，因此，在使用过程中不要受限于表达方式，可以是一段感悟、一幅画或一张图片；把设计过程中所想所感的所有内容都记录下来，为之后的具体设计作铺垫；鼓励参与者对他人提出的想法进行补充和改进，团队成员之间相互交流，沟通问题。

问题卡片制作的主要流程如下。

步骤一：在问题卡片上写出问题。

步骤二：将收集到的原始数据进行分类讨论，总结归纳出现有服务环节的体验问题。

步骤三：将归类的问题依照重要程度排列出来，按优先顺序整理好需要改进的内容。

步骤四：征询利益相关者的意见，加入长期和短期的可改善的变数分类。

步骤五：依据重要性，绘制一张优先处理矩阵；在表格左上方放置重要性强又能短时间解决的问题，右下方放置重要性弱又需要花费大量时间探讨的问题，或是可以暂时忽略的问题。

在制作问题卡片时,设计师要注意几个具体方面的内容:首先,不要在问题卡片的制作过程中否定任何问题或想法;其次,避免认知偏差,在搜集过程中,设计师可能潜意识会对资源建立某种联系,而选择能够支持假设的证据;最后,使用简洁的语言描述。

下面我们可以通过 3 个案例具体分析问题卡片的应用。

第一个案例是机场安检服务设计项目中涉及的一项服务构想(见图 2.28),该服务将增加机场运输安全管理局(Transportation Security Administration,简称"TSA")安检站的交通流量。在确定了领导项目的设计原则之后,团队为每个原则开发了几个概念想法。这些想法被记录在问题卡片上,以便与运输安全管理局分享,并且成为运输安全管理局可以相互分享的东西,以便开始有意义的关于经验的对话。每张问题卡片都包含一个带有草图的被描述的概念,而颜色则标识了相关的设计原则。

图 2.28　机场安检服务设计问题卡片 / 贾明·海格曼、基普姆·李、卡塔南特 / 美国

第二个案例是英国的 Engine 设计团队为肯特建立的一个社会创新实验室(丝绸实验室)中用到的问题卡片(见图 2.29)。为了支持这个项目,Engine 设计团队开发并测试了一套强大的创新技术,强调关注人们需求的重要性,以此作为创新的起点,证明在项目工作的各个阶段吸引用户的价值。这些问题卡片是丝绸工具包的一部分,旨在用来激发和支持创新实践。

图 2.29　丝绸实验室问题卡片 /Engine 设计团队 / 英国

第三个案例是米兰理工大学设计团队在波维萨合作居住项目中用到的问题卡片（见图2.30），在建设未来的房子的过程中，未来的"合作居住者"参与到确定他们未来居住环境的某些细节的设计中。问题卡片上的问题是他们想在住宅中进行的活动，米兰理工大学设计团队通过确定它们的重要程度，最后确定"合作居住者"的空间偏好。

该问题卡片将想法和概念转移到可以明确指出、携带并带到桌面上的实体物件上，促进了虚拟概念的讨论的可视化。每张问题卡片由部分手绘和部分照片组成，为的是给出一个确切的线索，而不是已经定义好的视觉参照。每张问题卡片还附有一小段简单文字，用于描述活动的内容。

图2.30　波维萨合作居住项目问题卡片 / 米兰理工大学设计团队 / 意大利

2.3.4　交付、构建与实现阶段

交付、构建与实现处于双钻模型"第二颗钻石"的交付阶段（见图2.31），这是一个原型构建、迭代推进直至交付的过程。在双钻模型的交付阶段，团队围绕最终概念、最终测试、生产和上市进行，通过对用户进行测试以获取反馈来完善和验证已开发的解决方案；重要的是在启动设计之前从用户角度收集反馈，以确保最终方案的可用性。

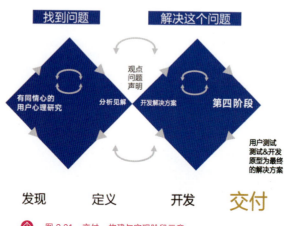

图2.31　交付、构建与实现阶段示意

原型化探索、原型评估、原型交流与展示是该阶段的主要任务，是这一阶段主要包括的工作内容。

原型化探索：创建原型只是一个起点，原型化是一系列原型化循环和迭代的过程，挑战是指在原型化单个（交互）动作、对象或应用程序的细节和更广泛的端到端的体验之间找到平衡。

原型评估：在真实的场景中运用原型测试并观察用户对服务设计的感受，从而评估其可行性。

原型交流与展示：对服务生态系统和价值原型、服务流程和体验原型、数码产品和软件原型、物理对象和环境原型进行可视化表达、展示和交付。

在交付、构建与实现阶段经常用到的有服务原型、故事板、服务演出3种方法。

1. 服务原型

服务原型是指复制前台、后端中任意的服务阶段性的体验和过程，对它们进行排练、演练、模拟、小规模试验等，以寻找实物和数字产品存在的问题，在实际开发之前测试不同语境中服务系统的价值和保真度。服务原型的目的是尽可能复制与服务交互的最终经验，以便测试和验证所有设计选择。模拟的复杂性在于，服务仅在交付后，并且在测试中使用特定触点的体验可能在相对的时候才存在，验证涉及不同服务组件的整个过程总是充满挑战的。

【产品原型《倾伴计划》】

事实上，原型可用于探索、定义、构想、交付实施多个阶段。然而在双钻模型中，原型被规定在测试的时候进行，这是现如今不被认同的。通过原型，团队可以快速定义一个新概念中的重要方向，探索不同解决方案，以及评估哪个更接近真实的日常生活。另外，原型可以作为一种交流工具在协同设计中起到呈现、说服和启发灵感等作用。

【产品原型《满分睡眠》】

服务原型需要创建一个初步的体验形式或体验过程。原型就是检验想法的关键，使许多想法以雏形的方式共存，以便淘汰坏点子并让好主意更深入。

服务原型的对象可以是完整的服务流程，也可以是核心服务阶段，将关键触点和服务流程以快速原型的方式进行呈现。虽然实验室状态下的原型不能完全还原真实场景的使用情况，但是在一定程度上可以有效收集用户的体验和操作，从而进行快速测试与方案迭代。从纸面模型到高仿真模型，服务原型的还原程度没有限制，可以根据实际项目需求灵活选择。

创建服务原型的主要流程如下。

步骤一：选取测试的服务流程。

步骤二：详细说明提出的设计假设——在特定的环境中，用户或利益相关者可以接受、理解并完成哪些任务，预计有哪些行为？

步骤三：拟定开放性的研究问题。

步骤四：为观察者准备研究指南和研究问题。

步骤五：招募符合条件的用户或利益相关者，让其熟悉任务。

步骤六：记录检测过程，观察有意识或无意识的使用情况。

步骤七：对结果进行定性或定量的分析。

步骤八：交流所有成果，根据结果改进设计，在检测过程中往往会出现许多设计灵感。

在创建服务原型时，设计师要注意几个具体方面的内容：首先，邀请从未参与过此次设计的典型用户或利益相关者参与体验和测试，熟悉项目的人容易受已知信息的左右，影响评估结果；其次，可以就设计方向及改进意见向实验对象提出少量定性问题，但只能在评估结束后，不要因为这些问题影响最终结果；最后，保护实验对象的隐私。

美国MSK（Memorial Sloan Kettering）癌症中心是遍布纽约市的医疗保健设施综合体，旨在提供世界一

■ 服务设计

流的癌症治疗服务和最佳的治疗体验。

　　在为期 15 周的时间里，设计团队本着以人为本的设计原则，通过对空间背景的广泛观察（设施、建筑和规划）及与关键利益相关者（病患、访客、医务人员等）的访谈信息（一个构思研讨会；两个原型设计之旅，包括医院内的原型设计、数字原型设计；反馈和迭代）获取见解和灵感。

　　设计项目的最后交付物为一个设计策略及具体的设计建议，以帮助美国 MSK 癌症中心在其整个设施中实施服务导视设计计划。最终解决方案是通过将强大的图形元素与方向线索和易于识别的标牌结合，提升服务导视系统的交互体验（图 2.32）。

↑　图 2.32　美国 MSK 癌症中心服务导视原型设计

2. 故事板

　　故事板是影视制作衍生出来的工具（见图 2.33），它用来呈现用户对（预想）服务的使用状况；把用户的使用情况变成叙述性的故事，通过照片或手绘进行视觉表达。故事板直观地表现服务场景和流程，清晰地传达设计概念，可以传达完整的服务，也可以用来表现某一段服务。在设计中，设计师可以利用故事板描述与讨论用户使用场景，体验用户与产品的交互过程并从中得到启发。故事板描述使用场景的方法使设计师可视化用户的需求并体现产品与用户的交互。通过这种方式，设计师可以专注于解决整个设计过程中的难题。

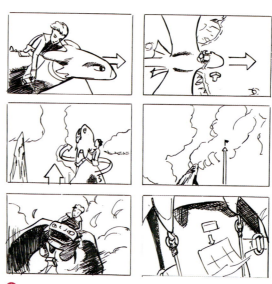

↑　图 2.33　故事板

故事板可以应用于理解和解读设计流程，也会随着设计流程的推进不断改进。在设计初始阶段，故事板仅是简单的手绘草图，可能还包括设计师的一些评论和建议。随着设计流程的推进，故事板的内容逐渐丰富，它会融入更多的细节信息，帮助设计师探索新的创意并作出设计决策。

故事板所呈现的是极富感染力的视觉素材。因此，它能使用户对完整的故事情节一目了然——用户与产品的交互发生在何时、何地，用户在与产品交互的过程中产生了什么行为，产品或服务是如何使用的，产品或服务的工作状态，用户的生活方式，用户使用产品或服务的动机和目的等信息皆可通过故事板清晰地呈现。设计师可以在故事板上添加文字辅助说明，这些辅助信息在讨论中也能发挥重要作用。设计师如果要运用故事板进行思维发散，以生成新的设计概念，可先依据最原始的概念绘制一张产品或服务与用户交互的故事板草图，该草图是一个图文兼备的交互概念图。无论是图中的视觉元素，还是文字信息都可以用于设计流程和评估产品或服务的设计概念。

制作故事板的主要流程如下。

步骤一：根据用户旅程图和人物角色，明确故事要表达的信息。

步骤二：把故事根据时间拆分为几个单独的阶段，构建每个阶段的故事情节。

步骤三：绘制完整的故事板，使用简短的注释为图片作补充说明。

在制作故事板时，设计师要注意几个具体方面的内容：首先，分镜头中需使用不同镜头景别，镜头景别包含特写、近景、中景、全景、远景，镜头可以通过推、拉、摇、移等来表现；其次，故事板能帮助设计师与团队成员进行有效沟通；最后，故事板要有清晰的结果，不要让观看者对故事结果抱有疑虑。

handyman 商店故事板（见图 2.34）是一个可持续的项目，旨在为商店服务场景提供方案，以独特的图片序列展示服务的概念；该故事板通过蒙太奇的手法建立起来，橙色的分隔物可以帮助识别这些并列的图片，使人更好地区分场景和空间，使整个故事板更加可读和有效。

↑ 图 2.34　handyman 商店故事板

3. 服务演出

服务演出是基于服务蓝图的设计（见图 2.35）。服务演出由设计团队、用户，以类似戏剧排练的方式进行各种情境与服务原型的实体演练。这些参与者会依据团队成员在整体演练中自身的体验和经历，对新服务提出其中存在的问题。

服务演出是动态学习方式，能够调动设计师的情感，让团队成员能关注内在的细节及其身体语言，而这两者正是深入了解服务所在的真实环境的不可或缺的重点。在类似的情境中，演出者扮演各种不同的角色，也能帮助设计师在演出过程中，建立对这种角色的同理心。

↑ 图 2.35 服务演出

使用服务演出，团队可以解决其他工具没有解决的困难。比如，与时间有关的内容或是一些互动上的尴尬之处。服务演出可以创造更多的真实情感。团队可以在工作坊让用户及服务提供者创作他们的原型，确定需要完成的任务；或者自己创作，让用户扮演他们自己的角色并测试。服务演出的场景可以从情境调研、故事板、场景描述中获取。最后，对演出者的走位和摄像机调度作简单的设计，确保演出者的表演被完全记录下来。

服务演出的主要流程如下。

步骤一：建立一个安全舒适的空间，使演出者可以更好地融入演练。

步骤二：根据剧情需要，制作表演道具。

步骤三：和演出者说明角色及需要完成的任务。

步骤四：选择适当的位置摆放摄像机，以便后期查看。

步骤五：对表演过程进行记录总结，按照需求修改设计。

在服务演出时，设计师要注意几个具体方面的内容：首先，和演出者详细说明道具使用的时间及使用过程，表演尽可能用行为方式表达出来，避免过多地使用语言；其次，纪录片的表达技巧是服务演出极好的参考，设计师要创造一个相对独立、安全的空间，让演出者能带着舒服、放松的心情完全融入演练，分镜头中需使用不同镜头景别，镜头景别包含特写、近景、中景、全景、远景，镜头可以通过推、拉、摇、移等来表现；最后，设计师最好以演出者的身份加入表演，要注意观察演出者的行为，而非语言。

章节训练和作业

1. 课题内容——D.School 和双钻模型设计流程的应用练习

课题时间：2 课时

教学方式：教师讲解 D.School 和双钻模型的基本概念，启发学生研究和讨论 D.School 和双钻模型设计流程在服务体验设计中的应用；选择不同的相关案例，根据其设计方式及特点，用 D.School 和双钻模型的概念，解释与理解相关的设计思维。

要点提示：D.School 和双钻模型设计流程是服务体验设计的基本工作流程，是对设计过程清晰而全面的视觉化呈现，通过分解来帮助学生轻松解决复杂的问题。

教学要求：

（1）帮助学生认识 D.School 和双钻模型的工作流程；

（2）要求用 D.School 和双钻模型分析某个服务体验设计案例；

（3）运用 D.School 和双钻模型的工作流程，独立完成一次服务体验设计。

训练目的：让学生了解服务体验设计中 D.School 和双钻模型设计流程的相关理论知识，树立起服务体验设计的系统观，理解服务体验设计的整体工作流程；训练学生运用 D.School 和双钻模型设计流程初步掌握服务体验设计的能力，同时，培养学生耐心细致的设计思维方式。

2. 其他作业

教师可以根据教学的侧重点，选择多种与服务体验设计有关的案例，帮助学生理解认识 D.School 和双钻模型设计思维在服务体验设计中的重要性。

3. 理论思考

查阅服务体验设计的相关资料，思考 D.School 和双钻模型设计流程给服务体验设计带来的优势和意义。

通过观察进行用户调研

第 3 章　chapter 3

观察的方法论	01
投入与共同参与	02
用户调研与用户确认	03
个人访谈、脉络采访、情景访谈	04
文化技术调研与调研结果整理	05

■ 要求和目标

要求：了解如何通过观察和倾听进行用户调研，学习观察的方法论、采访的形式，并且整理发现阶段的结果。

目标：培养学生观察用户的需求和行为，以及服务提供者的设计流程、资源的能力，来识别和解决服务设计中的问题和挑战，从而为下一步设计出更符合用户期望和需求的高质量、高效率的服务奠定基础。

■ 本章要点

观察的技巧和方法

投入与共同参与的方法

用户调研与用户确认

个人访谈、脉络采访与情景访谈的特点

结果整理形式

■ 本章引言

服务体验设计中对用户需求和行为进行分析是非常重要的。分析用户需求和行为可以帮助团队了解用户需要什么样的服务，以及用户如何体验服务。这有助于团队为用户提供更好的服务。同时，分析用户需求和行为可以帮助设计团队确定目标用户。不同的用户群体可能对服务的需求和使用方式有所不同，因此，通过观察了解目标用户是成功设计服务的关键。

3.1 观察的方法论

3.1.1 观察的基本技巧

为了改善用户服务，最简单的方法就是用眼睛去观察人或现象，团队可以通过拍照、绘画、写文章等方式把观察到的内容记录下来，以便在项目进行过程中继续活用。收集到的资料也会给项目的后期推进提供很大的帮助。因此，团队只有尽可能多地收集资料才能让项目取得成功，而且未加工的资料越多，团队产生的想法也会越多。在观察或采访时，没有指定框架，根据项目的主题，很多部分可以灵活变更。由于观察对象的不同，观察方法也有可能不同，可以制定并实行不同的方法论。但心态比具体的方法论更重要，这里可采用两种心态进行调研。

第一种心态是保持初心，即使是已经熟悉的部分，也假定是完全不知道的。虽然用新手的心态来思考是很困难的，但要警惕以自己专业领域的知识为基础进行思考。因为从个人经验中产生的偏见和假设，有可能会错过重要的事实；反而回到新手状态，一切都能焕然一新。一般来说，人们会对特定的主题进行各种假设，在项目开始的时候思考自己假设的是什么，也是很好的方法；为了理解用户是如何行动的，他们为什么会那样做，所有的假设都好像是第一次经历一样，更能够从用户的角度分析问题。

第二种心态是集中观察而不是解释，注意观察他人的行为，将其数据原原本本地收集起来。很多人非常善于解释数据，会在看到或听到什么的时候，就认为应该对其进行解释。人们往往认为应该进行高层次的理解并培养那样的能力，但是集中观察重要的不是故意进行高层次的解释，如果抱着不进行解释直接观察的心态，就会更加容易理解和产生共鸣。也就是说，人们可以更好地理解身体上、精神上、文化上所需要的是什么，动机是什么。那么观察和事实解释有何不同？观察是指如实描写所见所闻，事实解释是指在此基础上加上自己的意见和推测。

当在公园里看到同一个场景（见图 3.1），我们可能会形成两种记录形式。我们可能会认为把宠物狗带到公园的人很多，这些人没有清理宠物狗的粪便，因此应"文明养犬、从我做起"；可以说这是一种解释，而不是对存在的对象进行如实的观察。我们还可以说这里有个宠物拾便箱，只进行描写，这是适合发现阶段的正确心态。因为有意识地观察其实很难，所以我们可以使用合适的工具，拍照、录音、拍摄视频；因为机器是不会进行判断的，所以客观地看待事情的真实性很重要。这样收集的原始资料在今后项目进行的过程中可以作为客观的参考。

研究方法论根据资料的性质，大致可分为量的研究和质的研究。量的研究，适用于所处理的资料是数字的情况；质的研究，适用于资料不是数字，而是语言的情况。在研究历史的叙述性、记录物等，进行质的研究时，研究者往往会亲自到与主题有关的场所进行调研；采访相关的人，拍摄照片、拍摄视频等，收集多样的资料之后进行分析。质的研究与量的研究不同，不使用 SPSS（Statistical Product and Service Solutions）之类的统计程序来验证数据是否可信，取而代之的是收集丰

图 3.1　公共环境中的宠物拾便箱

富的资料，在脉络下给予洞察力。观察阶段通常由质的研究组成，观察方法论是指用眼睛观察实际情况，因此收集的资料都是质的资料。在进行质的研究时，研究人员需要拍照、绘画等，不能用数据来表现的原始资料的最大限度的收集是非常重要的；确保多种多样的原始资料，就可以从多个角度观察一个情况，从而形成新的洞察力。

观察少数对象同样很重要，尤其是一些经常使用特定服务的领先用户或对某个特定主题有深入了解的人。天鹅是白色的，人们偶尔看到稀有的黑色天鹅，当然要认真调查和分析，虽然标本数量少，但也可以得到很多特殊信号。质的研究方法比量的研究方法更加复杂，研究人员不能单靠阅读掌握，只有不断在实战中练习和感受，才能创造出自己独有的技巧。

研究方法论可以生成物证，以便在设计过程中使用，观察阶段的结果也可以成为新想法的发现资源。所以，我们在为某个市区的道路设计公共服务时，观察道路至少要拍摄数百张照片，从多个角度拍摄，以了解胡同里有没有死角，哪个区域是最危险的区域，并且在昼夜进行不同的观察。这样拍摄的照片可以成为整个项目过程中有用的证据。

在伦敦地铁入口处有一张放满饮料杯的照片。我们可以推测人们并不是有意识地把饮料杯放在地铁入口处，而是习惯性地将饮料杯放在垃圾桶里。因此，当垃圾桶被拆除以后，人们就开始把饮料杯放在地铁入口处，从而导致了这样的景象。可见，观察方法可以更好地捕捉到人们在不知不觉中的行为及背后的原因。

在服务体验设计中，团队可以通过观察用户行为和使用场景，了解用户的价值观、使用习惯，以及评估服务质量来进行观察；这些观察有助于明确用户的需求，为用户提供更好的体验，增强服务的可用性和可靠性。

服务体验设计观察的方法论包括以下几个步骤。

步骤一：观察用户在使用服务时的行为，以及他们在使用过程中表现出来的需求。

步骤二：分析不同的使用场景，发现用户在特定场景下可能会面临的问题。

步骤三：通过了解用户的价值观，更好地满足他们的需求。

步骤四：分析用户的使用习惯，发现可以改进的地方，提升用户体验。

步骤五：评估服务质量，发现可以改进的地方，增强服务的可用性和可靠性。

在执行与服务设计有关的方法论之前，要先了解观察的整体注意事项。这些方法论大致可以分为 3 类：与对象进行活跃的交流，通过实际例子执行相关方法论，以及与团队成员一起进行观察。这些方法论可以帮助团队从不同角度更深入地了解服务设计，从而更好地满足用户的需求。

观察的基本技巧包括观察对象的行为和表情，观察环境，以及记录特定关键字等。训练观察的好方法可以是在陌生的环境中观察陌生人的行为，也可以是在自己不熟悉的环境中，观察不经常看到的对象，通过多种方式提升观察能力。

对经常去的熟悉的场所，观察者保持初心的重要性在于，让自己处于一种什么都不知道的状态，从而看到平时看不到的东西，而不会忽略熟悉的东西；在便利店观察时，也可以假设自己是外国人，把自己置身于一个全新的环境，去洞察那里的文化、习俗及人们的行为，来拓宽自己的视野。

对记录观察对象，观察者可以根据自己喜欢的方式，选择拍照、素描、写作等方式，使观察记录更加详细。此外，照相机和录音机也是观察者必备的工具，可以捕捉瞬间发生的事件，以及无法再次看到的情景；当在特定场地拍摄时，观察者要先让人们知道正在拍摄，将拍摄的目的和时间等信息传达给场地管理者，只有得到拍摄许可，才能开始拍摄，并且要特别注意肖像权的使用。

3.1.2 观察的方法分类

主要的观察方法有看、暗中观察、延时视频、行为地图、行为考古等。

看,基于对质的研究,人们关注的首要因素是直接用眼睛去看对象,包括人、事物、环境等。直接看、仔细观察对象,记录相关信息是关键;直接看也是最基本、最重要的观察方法,观察者原汁原味地观察对象,按照自己的方式记录下来即可。

暗中观察,顾名思义就是在观察环境中尽量不暴露自己,最大限度地不引起注意。观察者一般会在角落里找个位置,观察 3~4 个小时,经过长时间的观察,会看到起初看不到的东西;刚开始的一两个小时是适应情况或场所的时间,过了 3 个小时后,可能会出现新的意想不到的变化。通过长时间在某个大型书店进行暗中观察(见图 3.2),我们会发现,20~40 岁的情侣或夫妇对入口附近的化妆品展示柜台和杂志表现出极大的兴趣,几名女性在其他柜台停留一段时间后会再来看两三次;几名 40 多岁的男性在图书搜索机器前站了很长时间;入口两侧设有镜子,站在入口的保安会反复照镜子,观察外貌;几名 50 多岁的男性长时间看与建筑经济有关的杂志,拍了照片发给熟人或通过电话讨论,最终购买了杂志;一些人向店员提出了有深度的问题,店员没有作出正确的回答;书店的墙上没有挂钟表,而是安装了闭路电视等。可以说,这些用户行为的发现是必须经过长时间的暗中观察才能够得到的。

图 3.2 在北京某家书店进行暗中观察

延时视频是通过在长时间内以固定时间间隔拍摄一系列照片或视频片段,然后将这些片段合并在一起,以加速时间的流逝来制作的一种视频。在这种视频中,每一帧的时间间隔比实际时间间隔都要长,因此可以在短时间内展示长时间的过程。比如,人们可以用延时视频拍摄天空中的云彩、植物的生长过程、城市的日夜交替等。在这些视频中,时间流逝的速度比实际时间更快,从而展示出一些有趣的效果和景象。在反复的服务和人多的公共场所拍摄的视频,以 12 倍、16 倍的速度快速播放,人们会发现正常时间线看不见的优缺点,这种方法通常在牙科诊疗服务等特定模式中使用,人们能够清晰地看到与牙科有关的服务的开头和结尾的循环。

行为地图是一种通过直接观察和记录某个目标对象或群体的行为,来帮助研究者获取其行为特征、空间利用和互动关系等信息的研究方法。行为地图通常用于研究人类、动物、植物等具有行为的对象,通过采取定量或定性的方法,记录和分析目标对象的行为,以揭示其行为规律和空间行为特征。行为地图可广泛应用于城市规划、环境心理学、动物行为学、植物生态学、社会科学等领域。

在观察中,行为地图可以被当作一种跟踪人们动作的最好方法,其目的是观察人们在有限的区域内的行为,找出该空间及该用户独有的特征。通过行为地图,观察者可以看到人们的移动路线是什么样的,随着移动路线的不同形成了什么样的区域。行为地图的使用虽然具有便于掌握用户及空间类型的优点,但也具有相对的局限性;如果观察对象过多,就很难被绘制全面,因此,具有一定的主观性。而且因为要一个一个地跟着用户的行为走,观察者很容易感到疲劳,这是行为地图使用过程中最大缺点,但同时行为地图是了解用户动作的变化及路线的最好方法。

例如,在某书店进行行为地图观察(见图3.3),通过对移动路线的观察,观察者能够将来书店进行购物的用户分成4种类型。第一种"狙击手"类型,指向性强,买完自己需要的东西就赶紧结算离开;第二种"撒网"类型,在巡视所有空间后才会离开;第三种"卫生间"类型,以上卫生间为目的;第四种"年轻时尚"类型,购买的图书以时尚、旅游、摄影为题材,倾向于去咖啡厅看书。可见,行为地图更加利于发现用户特征。

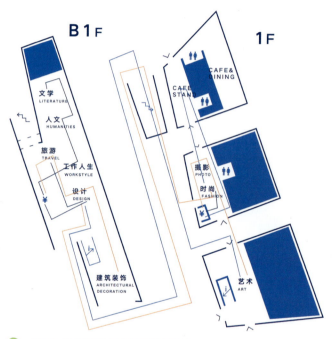

图3.3 在北京某家书店进行行为地图观察

行为考古是一种考古学方法论,主要关注人类行为和文化演化的过程。这种方法把考古文物作为反映人类行为和文化的线索,以了解人类社会的发展周期,探讨社会文化变化的原因及可能对人类社会文化发展的影响。在行为考古中,人们可以通过物品分析法对物品的材料、制作工艺、形状、编号等进行分析,推断出物品的用途和历史背景;通过建筑分析法对建筑的结构、布局、材料等进行分析,了解古人的生活方式和社会组织形式;通过绘画分析法对古代绘画作品的色彩、造型、图案等进行分析,推断出古人的审美观和文化背景;通过文字分析法对文字的字体、墨色、布局等进行分析,推断出古代文字的用途和历史背景;通过考古实验法对古代物品、建筑等的仿制和再现进行实验,了解古人的生活技能和工艺技术;通过一系列对在生活场所的人们的行动、动作等留下的痕迹的分析,从而推测用户的行为方式。其优点是观察者通过观察留下的痕迹,可以一眼看出需要长时间观察的东西;另外,在这个过程中会获取很多有用的信息。通过观察书店中人们留下的痕迹,观察者可以推断人们更喜欢看哪些类型的图书,这可以反映出人们的文化水平和兴趣爱好。此外,书店中书籍的整齐程度和磨损情况,可以反映出人们对书籍的使用习惯和态度。走廊狭窄通道和宽敞空间中书籍的磨损情况,也可以反映出人们在不同环境中的行为和活动方式。这些观察方法可以帮助观察者更好地了解用户行为和文化。

3.2 投入与共同参与

投入是指通过沉浸式体验来了解和研究一个事件、现象或行为。这种观察形式通常涉及研究人员亲身参与观察对象所处的环境，从而更加全面、深入地了解观察对象的行为和思想。

例如，如果研究人员想要了解一个社区的文化、价值观和日常生活，可以选择投入的方式进行。这就意味着研究人员将身处社区中，与社区居民进行互动，观察他们的行为、听取他们的故事和观点，从而获得更加全面的了解。这种观察形式在许多领域中都有应用，包括人类学、社会学、市场营销学和设计学等领域。在一些情况下，投入可以帮助研究人员更好地了解观察对象的真实行为和思想，同时也能够减少研究中可能出现的偏见和误解。

投入的观察形式可以分为3种具体的方法——"生活一天"、导游游览、跟踪。

"生活一天"的观察方法是一种定量和质量混合的观察方法，旨在了解人们的日常行为和生活方式。它通常由研究人员观察参与者在其日常生活环境中的活动，而不通过问卷或面试等非自然的方法进行调查。这种观察通常涵盖一整天的活动，目的是了解参与者在不同时间和环境下如何完成他们的日常任务和社交互动。这种方法的优势在于可以收集到真实的、自然的数据，因为参与者是在他们日常生活环境下被观察的。这种方法需要观察者整天沉浸在参与者的生活中，模仿参与者所做的每一个动作，产生共鸣。有些事情如果不站在用户或特定人群的立场上，是无法知道的。例如，如果没有在咖啡店工作过，就无法了解实际工作中的人的苦衷，也很难想象体验相关服务时出现的问题。站在观察者的立场上看到的东西和用户实际感受到的东西可能不一样，因此，能够直接站在用户的立场上看，具有很大意义。比如，我们要为某单身人士做他的居住空间的服务体验设计，那首先就要从"上班族""一人家庭"的角度去考虑问题，以一个人记录在那里生活一天的感受和事实为前提，发现问题，明白空间太小，家里很容易乱，不爱做料理，不想收拾堆着的碗，下顿饭就出去买着吃；也明白了快餐能够成为"一人家庭"生活必需品的原因，从而去解决用户的问题。

导游游览是指听取熟悉服务的人或服务提供者的详细说明，邀请被认为是相关领域专家的人进行讲解并听取说明，这样就可以了解表面上看不见的部分；从服务提供者的观点出发，可以了解困难是什么，问题是什么。导游游览可以成为深入了解服务内幕的有效方法。

跟踪是一种研究行为的方法，也被称为"影子观察法"。它是对参与者进行实时观察的方法，以便了解他们的行为和决策。这种方法通常在研究开放性和复杂性行为时使用，例如，社会和组织行为，市场研究和人机交互。在跟踪的观察方法中，观察者会跟随参与者并记录下他们的言行举止，同时也会记录下他们的情绪、态度和思考过程。这种方法通常通过实地访问、访谈和观察参与者的日常工作环境来实施。这种跟踪形式的观察方法的优点是可以捕捉到参与者的真实行为，而不是仅仅通过调查问卷和访谈来了解他们的看法。它可以为研究人员提供深入的理解和洞察，帮助他们获取更好的解决方案。同时，这种方法也有一定的局限性，因为它只能捕捉到观察者能够看到和理解的东西，而可能会忽略掉一些重要的因素。

除了以上介绍的方法，还有很多不同的观察形式，特别是团队成员一起去观察现场或情况，可以得到更多的信息。党的二十大报告强调"广泛践行社会主义核心价值观"。团队成员要积极承担社会责任，在观察中主动关注困难群体需求，推动服务设计成为促进社会公平正义的重要力量。虽然一个人也可以观察，但是团队成员一起随行时，每个人的感受和发现都会不同。如果彼此共享所看到的东西，就能得到更加丰富的观察结果。在观察结束后，团队成员可以聚在一起，分享观察的要点和新的发现以实时共享成员之间的意见并进行分析，从而更好地理解脉络；通过共享经验，可以从不同的观点来观察，获得更多的前期调研收获。

发现阶段是理解服务对象和服务相关人员，掌握事件相关的事实的阶段。团队在设计之前应先充分了解这一阶段应该具备的心态和注意事项，收集尽可能多的数据。而观察用户的方法多种多样，就和本章前面提到过的诸多观察方法论一样，可以长时间贴身进行观察，可以进行拍摄录像，可以在地图上标出用户的行动，也可以从考古学的观点推论，甚至可以以投入的方法记录用户一整天的生活，模仿用户的一举一动等；在执行项目的过程中，团队学会利用多种方法进行观察，获得的物证对后期的设计就会有很大的帮助。

3.3 用户调研与用户确认

3.3.1 用户定性调查

用户调研中不可缺少的是用户定性调查。用户定性调查是一种服务设计研究方法，团队通过对用户进行深入的采访和观察，获取对服务的体验、需求和态度等方面的主观描述和解释，以此来辅助了解用户行为、需求和期望，为服务设计提供有价值的信息和数据支持。用户定性调查通常由团队进行，可以采用各种方式和工具，如深度访谈、半结构化访谈、观察法、焦点小组讨论等，通过针对性的问题和提示，引导用户就某一个话题进行深入探讨和分享，了解他们的真实感受和评价。这些数据将被用于发现可改进的问题、发掘新的需求和机会，同时，为服务设计提供有针对性的建议和方案。用户定性调查是设计过程中不可或缺的一环，能够帮助团队更好地理解用户，了解用户的感受、需求和行为，为设计出更优秀的服务提供有力支持。

在进行用户调查时，团队可以先通过定性调查发掘机会，再通过定量调查验证机会；反之，可以先进行定量调查，然后根据从中获得的内容进行定性调查。如美国日用消费品企业宝洁公司花了20年时间了解定性调查的重要性。但是，如果生产的不是看得见的产品，而是服务，那么定性调查就更加重要；其中以听为主的采访，可以说是最重要的定性调查方法。

以听为主的定性调查采访是半结构化访谈。在这种方法中，采访者有一些预设的问题和主题，但是也会根据受访者的回答和反应来进一步探讨和追问。这种方法的重点在于听取受访者的意见和经验，从中发现问题和观点的深层次内涵。听不仅仅是为了证明分析或批判推论，更是为了获得想法和假设。即使采访者认为电子产品更灵活，但在听取受访者故事并获得洞察时，需要有开放的心态。在收集资料的过程中，即使受访者没有任何想法，也需要从单纯的故事中引出建设性的内容。因此，正确的态度和方法可以帮助采访者更好地收集和分析数据。在采访过程中，采访者往往需要记录受访者说的话，但是录音也不一定有时间再去听一遍，因此，现场记录成为最终的数据来源。同时，如何创造出具有丰富内容的现场记录，也是定性调查的核心所在，因此，采访者需要在采访过程中进行记录，如拍摄照片、写便签等，以便在后续的分析中获取更多的信息和细节。这样才能更好地了解受访者的真实想法和需求。

由于调查对象的数量和脉络不同，调查方法也会有所不同。传统的调查方法是个人采访，也被称为"深度访谈"。这种方法的优点是采访者和受访者可以形成亲密感，听到更深刻的故事；除此之外，还有集体采访，对小规模的人员进行采访，这样可以发现个人采访没有发现的部分，还可以观察到受访者之间的关系。共同决策也是一种调查方法，采访者在向受访者提出问题时，相互的存在会产生影响，因此，可以获得新的洞察和回答；有时还会对20～30人进行大规模的集体采访。总之，不同的调查方法可以获得不同的信息和洞察，选择正确的调查方法对获得准确的数据非常重要。

3.3.2　用户确认

下面来进一步探讨在选择用户时，如何确认受访用户的数量及哪种类型更合适。即使是再大再重要的系统，受访用户一般也只有 20 名左右，因为 10 名以下略显不足，50 名又太多。采访者可以依次采访多名用户，如果在追加的采访中没有发现新的需求，可以省略更多的过程；已经确认了受访用户，接下来就是确认采访谁更重要。

这里可以将用户区分为典型用户与极端用户。典型用户是指代表某一类或群体中大多数用户的用户，具有较为普遍的使用行为和使用需求。典型用户通常具有如年龄、性别、收入、教育程度、职业等方面的相似性。极端用户是指在某一方面偏离常态、表现出较为极端的使用行为的用户，其特征和需求具有一定的极端性和个性；这些用户可能拥有非常特殊的需求和使用习惯，行为通常具有一定的代表性和典型性，甚至是服务设计所未曾考虑到的。

用户画像则是通过对用户数据和行为进行分析，描绘出某一个用户群体的特征、偏好和需求等信息的综合概括。用户画像可以帮助企业全面了解用户，提高产品和服务的质量。其中，典型用户和极端用户对用户画像的构建和分析具有重要影响，因为他们的特征和行为模式能够更准确地代表该用户群体的总体特征。

3.4　个人访谈、脉络采访、情景访谈

3.4.1　个人访谈

在个人访谈中，采访者的态度非常重要。采访者应该尊重受访者的个人隐私和权利，关注他们的需求和问题，以便能够深入了解他们的真实想法和感受；应该保持开放和灵活的态度，不要对受访者的观点和想法进行质疑或批评，而要倾听并尽可能理解他们的观点和体验；应该在访谈过程中引导受访者表达自己的想法，帮助他们深入思考和表达，应该保持共情和理解的态度，尽可能地从受访者的角度出发，理解他们所面临的问题和挑战；应该保持专业和客观的态度，不偏袒任何一方，不进行臆断，以保证访谈结果的客观性和可靠性。以上这些基本态度可以帮助采访者在服务设计的个人访谈中获取更为准确和深入的信息和数据，从而更好地满足用户的需求和期望。

个人访谈是一种深入了解用户需求和体验的方法，可以与用户进行更深层次的对话，得到更多的洞察。一般来说，团队进行 10 人以内的采访就足够了，可以得到几乎所有的洞察；在采访过程中，需要时刻记住成果，将用户反馈的信息整理出来，与他们达成共识；需要避免偏见的影响，不要在采访过程中提前作出判断或假设，而应该保持开放的态度，听取用户的反馈和建议；同时，也需要注意语言和表达的方式，避免给用户施加压力或影响他们的回答。

在进行用户定性调查时，团队需要先思考自己想要通过采访得到什么，明确采访的目的和方向；在采访过程中，可能会有新的想法，需要及时记录下来，以保持采访的流向；同时，可以要求受访者亲自填写具有特定主题的资料，从而获得更正确的资料和洞察。

个人访谈的目的首先是获取用户需求，通过与用户对话了解他们的需求和期望，从而为他们提供更好的服务和体验；其次是发现用户问题，通过与用户对话发现他们在使用服务过程中遇到的问题和困难，从而改进和优化服务；最后是探索用户体验，通过与用户对话验证服务设计方案的有效性和可行性，从而获取更好的服务设计方案和改进建议。

图 3.4 是对 20 岁以后开始独居的两名女性进行个人访谈后整理的内容，将独居期间用户的感情变化用曲线的形式表现出来。通过这样的曲线图，我们可以发现独居一年左右，是独居生活中最艰难的节点。而独居的人们需要什么样的服务，可以通过前期访谈得到新的洞察。

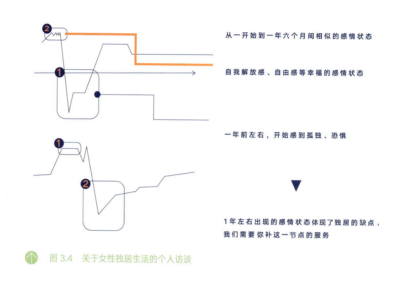

图 3.4　关于女性独居生活的个人访谈

3.4.2　脉络采访

在服务体验设计中，脉络采访是一种非常重要的采访方式（见图 3.5），特别适用于实际服务场景。通过在实际服务场景中进行脉络采访，团队可以更好地了解用户在使用产品或服务时的真实情况，探索他们在使用过程中遇到的问题和产生的需求；更好地感受用户的情感、行为和环境，把握用户的真实反馈，从而设计出更贴近用户需求的产品或服务。因此，脉络采访是服务体验设计中最受欢迎的采访方式之一。

在服务体验设计中，采访场景的选择非常重要，因为场景可能会影响采访的结果和质量。合适的采访场景可以让受访者更加舒适和放松，从而更好地表达他们的真实想法和需求。例如，对家庭主妇这类服务对象，如果在家里接受采访或集体采访，可能会更加舒适和自然，因为她们在家里更加放松，可以更好地表达她们的需求。此外，从卖场观察者的角度对消费者和相关服务者进行采访，也可以获得有价值的信息，因为在这个场景下，消费者可能会更加自然地表达他们的真实想法和需求。同样地，人们在机场接受采访可能会比在咖啡屋或其他场所接受采访更好，因为在机场这个场景下，受访者可能会更加专注于与机场服务相关的体验和需求，从而提供更加有价值的反馈和建议。

总之，团队在选择采访场景时，应该考虑到受访者的需求和体验，选择最能反映真实情况的场景。

根据环境的定性调查方法被分为两个轴（见图 3.6）。X 轴表示掌握控制权的是研究者或参加者；Y 轴表示

图 3.5 脉络采访的具体步骤

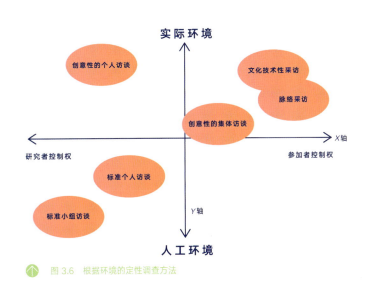

图 3.6 根据环境的定性调查方法

调查是在实际环境中进行或是在人工环境中进行的。一般来说，标准的个人访谈和小组访谈都在相对人工的环境下进行，由研究者掌握控制权。与此相反，文化技术性采访和脉络采访，大部分在接近参加者实际环境的场所进行。以创意性的个人访谈为例，由于是在提供相关服务的场所进行，因此大部分在接近研究者实际环境的场所进行，由研究者掌握控制权。在现实中，当在很难进行背景采访的情况下，创意性的个人访谈是非常好的方案。对正在提供相关服务或正在使用的当事人而言，在现场接受采访可能会干扰他们的正常工作或生活，从而影响采访质量和结果；因此，对这类场景，创意性的集体访谈可能是更好的选择。这种采访方式可以在与受访者的自然互动中进行，让受访者在互动中自然地表达他们的感受和需求。此外，采访者可以采访多个人，从而获取更加全面和多元化的反馈和建议。

为美化街道，我们对吸烟者进行了脉络采访（见图 3.7），从晚上 7 点钟在停车场见到受访者开始，就跟随其按照平时的生活方式，进行了 4 小时 30 分钟左右的采访，在此期间仔细观察他的行为；在此过程中，对受访者特别的行为以提问的方式进行记录——例如，吃完饭后，受访者因不知道要把烟头扔到哪里而感到惊慌失措，最后将烟头投掷到人少的建筑物角落，在停车场吸烟会将烟头扔在别人的烟头旁边等。通过脉络采访，我们发现吸烟者主要因为不知道垃圾桶的位置，只好随意丢弃烟头。通过问题分析，我们也可以找到相应的机会及附加价值。

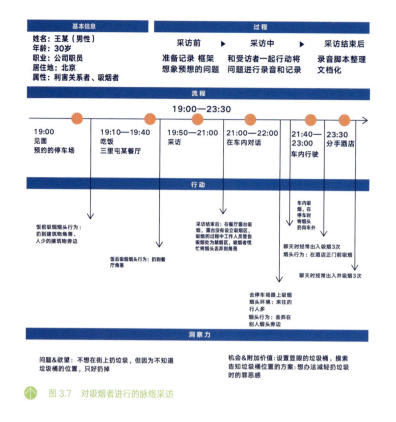

图 3.7 对吸烟者进行的脉络采访

3.4.3 情景访谈

情景访谈是一种获取受访者使用场景信息的半结构化访谈方法（见图 3.8），采访者首先会准备一系列标准化的问题，然后等受访者在自己的环境中工作时观察和询问他们。情景访谈称得上是所有研究方法的基础，是用提问交流的方式，了解受访者体验的过程。情景访谈的内容包括产品的使用过程、使用感受、品牌印象、个体经历等。

情景访谈旨在理解受访者的感受，目的在于收集使用情景下的交互信息、受访者关注点及受访者期望等诸方面数据。为了达到不同的目标，团队在新服务开发过程的不同阶段均可使用情景访谈的方法，此时身份即采访者，而受访者为用户。一个典型的情景访谈包括拜访用户的家或工作场所，这通常会持续1～2个小时；用户向团队说明他们感兴趣的某个过程，例如，如何在一个电商网站发布一件待售的商品，或坐下来看电影；团队向用户询问与该过程相关的问题，以获得对这一过程更清晰的理解并发现痛点（见图 3.9）。

在情景访谈之前，团队需要准备一份覆盖所有相关问题的调查问卷。该问卷既可以是结构严谨的，也可以是根据受访者的回答自由组织的，并且团队需要在实践之前做一次访谈试验。

所挑选的受访者当前必须处于相关工作进程当中，并且能够允许采访者进入他们所在的场所，代表一系列不同性质的用户。一个情景访谈的整合数据需要来自 4～30 个受访者。具体人数和工作规模相关，一个单一的小规模情景访谈只要 4 个受访者即可。

从情景访谈的主要流程来看，采访者首先需要制定访谈指南，涵盖真实使用场景，能够挖掘用户行为动机等问题的相关话题；其次需要邀请合适的受访者，对受访者进行分类，如按照性别、年龄、职业、地区、个性特征、爱好等，访谈中要尽快接近受访者，与受访者建立融洽的访谈气氛，按计划进行，认真做好访谈记录，然后需要掌握访谈时间，观察受访者的行为，访谈过程中往往需要录音；最后需要对结果进行分析整理，得出研究结论，撰写研究报告。

图 3.8 情景访谈

图 3.9 情景访谈过程示意

情景访谈的提问方式和访谈的问题，都要事先做好准备。有效的情景访谈需要采访者的同理心、社交技巧和自我意识；问题和措辞要中立、客观，避免用指向性强的问题。受访者在表达观点时，采访者需要采用比较自然和鼓励的倾听方式。当受访者说到和项目需求高度相关的内容时，采访者适当地跟进和深挖很有必要；访谈时候的记录、思考也很重要，最后要将访谈过程拍摄并保存。

3.5 文化技术调研与调研结果整理

3.5.1 文化技术调研

文化技术调研是一种研究文化与技术相互作用的方法，旨在探索技术对文化的影响，以及文化如何影响技术的发展。该研究领域涵盖了广泛的主题，例如，数字化、社交媒体、虚拟现实、人工智能、游戏开发等。通过深入研究这些主题，文化技术调研可以帮助人们更好地理解技术和文化的相互作用，预测未来的趋势，制定政策和促进创新。在这里我们可以将快速田野调查法与智能手机技术相结合。

快速田野调查法是一种快速的、基于实地观察和参与的研究方法，旨在深入了解一个特定社群或文化。这种研究方法通常采用质的研究，包括面对面访谈、焦点小组讨论、观察和记录等。快速田野调查法的目标是在较短的时间内获取尽可能多的信息，以便更好地理解人们的行为、态度、信仰和价值观，揭示他们生活背后的深层次文化因素。这种方法常常被用来研究新兴市场、消费者行为和用户需求等。

快速田野调查法是一种对服务体验进行短期观察和分析的方法。在实践中，这种方法侧重于通过现场观察和交流来了解用户的需求和期望，以便为他们提供更好的服务；而建立信任是成功执行这种方法的关键步骤之一。

当设计服务体验时，团队需要理解用户的需求和期望，以便为他们提供满意的服务。与用户建立良好的关系可以帮助团队更深入地了解他们的需求和期望。这样，团队就可以更好地设计服务，提高用户满意度。

因此，在进行现场调查之前，团队应该尽可能地与目标用户建立联系并建立信任。这可以通过与他们交谈、分享与自己有关的信息、了解他们的需求和期望，以及对他们的问题和反馈作出积极回应来实现。最后，要注意，快速田野调查法只是设计服务体验的众多方法之一；根据不同的情况，团队需要选择合适的方法来实现最佳效果。

利用智能手机技术观察用户是一种被广泛采用的方法，旨在了解用户行为和需求，以便更好地满足他们的期望和提供更好的体验。智能手机技术的发展，使用户无意中产生的大量行为信息可以被记录。这种方式的优点是记录的信息都是数字化的，人们即使不花费很多时间，也可以有效地整合；但在收集和使用这些信息时，团队必须注意保护用户隐私和数据安全，只有在确保数据安全的情况下，才能最大限度地利用这些信息，为用户提供更好的体验和服务。

团队使用智能手机技术观察用户时，可以通过以下的步骤。

步骤一：确定需要关注哪些用户行为和指标，如应用程序使用频率、搜索历史记录、通知交互等。

步骤二：在用户设备上部署跟踪工具，如分析应用程序或其他监控软件，以收集数据并生成报告。

步骤三：跟踪用户使用行为，如应用程序打开次数、浏览历史记录、点击量、时间花费等，并且记录其他关键信息，如设备类型、系统版本等。

步骤四：将收集到的数据导入电子表格或数据库，使用可视化工具来分析和比较结果；这可以帮助团队更好地了解用户行为模式。

步骤五：根据团队的发现制订下一步行动计划；这可能包括改进产品设计、提高用户满意度、提高用户保留率等。

总之，通过利用智能手机技术观察用户，团队可以更深入地了解他们的行为和需求，从而提供更好的用户体验和提升产品市场竞争力；然而，在执行过程中，也要注意遵守相关隐私政策和法规，确保用户数据的安全性和保密性。

3.5.2　调研结果整理

对调研结果的整理，我们可以提出种子创意。种子创意指的是一个初步的、未经完全开发的粗糙的创意，它可以作为服务体验设计的基础和起点。种子创意可能是由收集这段时间调查的所有资料后，根据用户需求、市场趋势、社会问题等因素启发而来的，它通常在服务体验设计过程的早期被提出并进行初步分析和评估。

种子创意在服务体验设计中的作用是引导团队进行"头脑风暴"和探索，以产生更多的创意和解决方案并最终确定最佳的服务设计方案。在具体实践中，种子创意需要经过反复迭代和不断完善，直至最终成熟，成为可行的服务创新。

种子创意在服务体验设计中扮演着重要的角色，因为它是整个服务设计过程的开端和驱动力，同时也是服务创新的源泉。通过深入挖掘种子创意，从用户的角度出发，寻找他们的真正需求，进而提供真正有价值的服务，是成功进行服务设计的关键。

在种子创意阶段，团队需要尽可能广泛地收集和生成想法，包括现实的、抽象的、具体的等各种类型；同时，可以使用简单的图画或关键词，对这些想法进行整理和分类。

此外，在调研阶段的最后一项工作中，团队需要将所有的想法都提出，并且尽可能详细地描述每一个想法。但是，这些描述不必过于复杂，只需要围绕着核心点进行即可。这样做的目的是在接下来的筛选和深入挖掘中，能够更加清晰地了解每一个想法的优缺点和潜在价值，以便更好地选择和发展其中的优秀想法。种子创意的数量对下一个定义阶段的工作有很大的影响。在调研阶段，更多的种子创意可以帮助我们更好地了解问题和机会并找到更多可能性。

以下是一些种子创意阶段的主要诀窍。

（1）使用视觉刺激：在工作环境中可以使用视觉刺激来丰富环境，如用图片或其他视觉元素来触发灵感和想象力。

（2）填满四周调查结果：在提出种子创意时，尽量使用调查结果来填满周围；这样可以创造一个刺激数据之间没有计划地连接的环境，有助于启发更多的想法和解决方案。

（3）集中于有趣的现象本身：在种子创意阶段，应该集中于有趣的现象本身，而不是过早地陷入具体化阶段；这样可以尽可能地打开所有的可能性，禁止假设结论，以便更好地发现问题和机会。

（4）提出解决对策：在种子创意阶段，应该尽可能地提出解决对策，不断优化和完善它们；这样可以更好地挖掘潜在的想法和创新点，从而产生更好的解决方案。

（5）让证据活生生地存在：将从现场带来的证据活生生地展现，如印刷照片，并且贴在墙上；这样可以帮助团队更好地理解问题和机会，找到更多的解决方案和创意。

总之，在种子创意阶段，团队需要创造一个开放、创新和充满想象力的环境，以便尽可能广泛地收集和生成想法并找到最有价值的解决方案。图3.10是以"消除压力"为主题的种子创意，将文字信息进行关键词提取，密密麻麻地分散罗列。

服务设计

以"消除压力"为中心的种子创意思维导图，包含以下内容：

消除压力（中心主题）

- 心理专家咨询
- 压力呼叫中心（无条件附和的咨询员）
- 换发型
- 压力模式分析服务
- 常去的地方
- 冥想
- 写小说
- 家庭支援
- 温泉
- 可以不停地吃
- 参与地区共同体
- 乐高、拼图
- 登山
- 园艺治疗
- 演出、演唱会
- 舞蹈
- 读书
- 针对独自一人在家提供消除压力的服务（如租赁熊娃娃）
- 请求帮助
- 野营
- 桑拿
- 制作陶瓷
- 志愿服务活动
- 嗅觉治疗
- 收集爱好
- 心理医生
- 俱乐部
- 帮他寻找理想型
- 看漫画
- 换工作顺序
- 与虚拟艺人饮酒及对话
- 美甲店
- 称赞
- 购物
- 推荐适合的音乐
- 室内装饰
- 饮酒
- 睡前
- 化妆
- 电视剧
- 发呆
- 租宠物
- 日常生活（微信）
- 展示会
- 能让人承受压力的机器
- 洗热水澡
- 茶道
- 游戏
- 按摩
- 适者生存
- 聊天
- 短暂的旅行
- 欣赏音乐
- 3~4个朋友一起去按摩
- 围棋
- 钓鱼
- 自我启发
- 租用护士服和乘务员服
- 专心做其他事
- 足球
- 走路
- 压力测试

图 3.10　以"消除压力"为主题的种子创意

【服务设计观察与用户调研视频】

章节训练和作业

1. 课题内容——掌握观察的方法进行用户调研

课题时间：2课时

教学方式：教师先给出需要调研的课题，引导学生根据课题的特点，使用相应的观察的方法与技巧对目标用户进行调研与分析，最终对调研结果进行可视化的结果整理。

要点提示：观察的对象是服务的目标用户，需要确定观察的场所、观察的内容，采取多样的观察方法进行直接观察、暗中观察、参与观察等方式获得不同的信息，学生需要根据具体情况选择合适的方法进行记录；同时，在观察过程中需要保持客观，不要对观察结果产生偏见，以便更好地了解用户的需求和行为。

教学要求：

（1）明确用户调研的目的和问题，针对性地进行观察分析；

（2）掌握观察的方法，制订调研计划，能够客观准确地对目标用户进行深入观察；

（3）做好观察后结果的记录，包括用户的行为、反应、态度等，以备后续分析使用。

训练目的：掌握观察的方法进行用户调研的目的是更好地了解用户的需求和行为，以便能够更好地设计、开发和改进产品或服务；通过观察用户的行为和反应，可以深入了解用户的使用习惯、偏好、痛点和需求，从而为服务体验的优化和改进提供参考；通过掌握观察的方法进行用户调研，可以更好地了解用户，提升服务的竞争力并提高用户满意度。

2. 其他作业

观察的方式多种多样，观察对象也可被无限放大，结合多样化的观察方式，拓宽观察对象范围，可以包括不同类型的用户，如潜在用户、现有用户、竞争对手的用户等，以便获取不同层次和角度的用户反馈。

3. 理论思考

（1）总结观察的方法和技巧种类，以及可以与其结合的文化技术手段。

（2）思考哪些观察的方法能够更好地进行用户调研，哪些形式的结果整理对后期设计更加合适。

服务体验设计的工具与方法

第 4 章　chapter 4

用户画像	01
用户旅程图	02
利益相关者地图	03
服务蓝图	04
服务系统图	05
商业模式画布	06
故事板	07

■ 要求和目标

要求：在初步了解服务体验设计工具与方法的前提下，尝试探索如何在设计的不同阶段使用它们。

目标：为学生介绍服务体验设计工具的使用方法，通过研究成果和设计案例结合的方法进行记忆加深，以帮助学生更好地理解，并且能够实际运用到设计工作中去。

■ 本章要点

针对服务体验设计项目目标和整体框架进行设定。

针对项目的利益相关者进行洞察和访谈。

针对用户洞察中的相关数据建立用户模型。

■ 本章引言

在服务体验设计和开发的不同阶段，存在各种各样的工具和方法，这些阶段涉及探索用户的世界、反思用户数据，以及服务改进。一方面，有像用户旅程图这样的工具，是遵循特定结构或建立在特定模板上的具体模型。另一方面，有诸如情景访谈之类的方法，是接近或完成某些事情的程序。在下文中，我们将用一些实际的例子来说明，为服务体验设计过程中的每一个组成部分介绍工具和方法。

4.1 用户画像

4.1.1 用户画像的定义

用户画像这个理念是"交互设计之父"艾伦·库珀提出来的。他说用户画像是真实用户的虚拟代表，是建立在一系列真实数据之上的目标用户模型，是根据用户的属性及行为特征，抽象出相应的标签，拟合而成的虚拟的形象，主要包含基本属性、社会属性、行为属性及心理属性。需要注意的是，用户画像是将一类有共同特征的用户聚类分析后得出的，因而并非针对某个具象的特定个人。

用户画像是在深刻理解真实数据（性别、年龄、家庭情况、工作、收入、用户场景/活动、目标等）的基础上"画"出的虚拟用户。虽然是虚构的形象，但每个用户画像所体现出来的细节特征描述应该是真实的，是建立在使用用户访谈、焦点小组、文化探寻，以及问卷调查等定性、定量研究手段收集的真实用户数据的基础之上的。

一个精准的用户画像应该尽可能地包含体现用户核心特征的细节描述。价值观、核心需求等信息固然重要，但有时也难免过于抽象。核心的描述应该具备生动而鲜活的特征，生动的细节描述则可以让人物形象更具画面感和独特感，更容易让人形成同理心和鲜明的印象。例如，当看到这样的描述，"用户 A 的迷你车被贴上了粉色的改色贴纸，车上摆满了各种各样的潮流玩偶"，或者"用户 B 的办公桌上摆放着各种各样的零食和一个堆满烟头的玻璃杯，杂乱的书籍被随意地丢在地上"，我们的头脑中会立刻开始还原这些用户的真实形象并尝试融入角色，站在这个用户的角度思考服务中可能出现的问题。此时的用户画像才是有价值的。

建立用户画像的核心工作是给用户贴"标签"（见图 4.1），通过对用户信息进行分析获得高度、精炼的特征标识。建立用户画像的方法包括调研、列举、整合、分析几个阶段。

▲ 图 4.1 贴"标签"建立用户画像

4.1.2 用户画像的使用方法

用户画像适用于任意场景，是开展任何创意设计项目的必要的前期活动。在概念方案设计阶段，设计师进行用户调研后（见图 4.2、图 4.3），获取用户的需求、痛点、使用场景，通过用户画像工具来描述角色及确定产品定位；在详细解决方案设计阶段，帮助用户设计路程，设想用户故事，让产品交互、流程等设计更加聚焦于目标用户本身。

用户调研完成后，设计师可使用用户画像总结交流所得到的结论；在产品概念设计过程中，或团队成员及其他利益相关者讨论设计概念时，也可以使用用户画像。该方法能帮助设计师持续性地分享对用户价值观和需求的体会。人物角色通常出现在产品研发阶段及产品上线初期，鉴于企业手中没有大量的用户数据和行为记录，设计师只能通过采集需求，根据典型的用户提出的需求创建人物角色。

设计师还可以通过定性研究、问卷调查、情景访谈、用户观察等方法收集与目标用户有关的信息，并且在此基础上，建立对用户的理解，例如，其行为方式、行为主旨、共性、个性和不同点等；总结目标用户群体的特点，依据相似点对用户群体进行分类，并且为每种类型建立一个人物原型；当人物原型所代表的性格特征变得清晰时，可以将他们形象化（如视觉表现、名字、文字描述等）。

图 4.2　用户调研方法

图 4.3　用户调研

4.1.3 用户画像的使用流程

步骤一：收集大量与目标用户有关的信息，筛选出最能代表具体任务场景中的用户群体。

步骤二：场景决策，创建不同的人物角色是为了能更好地为不同类型的用户服务；但设计师需要让角色做的事情,和其所期望的方向保持一致,所以,为每一个人物角色设定商业目标,可以少走一些弯路;和用户建立沟通并将沟通的成果转变为商业成果,是设计师使用细分人物模型的另一个重要目的(见图 4.4)。

步骤三:角色定位,创建 3~5 个用户画像;在具体的任务场景中,可能会有主要角色、二级角色与辅助角色,这是因为任务场景是一个故事,故事里如果有互动就可能同时存在几个人。

下面介绍 3 种创建人物角色的方法。

第一种为定性研究(见图 4.5),定性研究是从小规模的样本中发现新事物的方法,用户访谈和可用性测试都属于这一类。设计师可以通过少量的用户来得到新的想法,或从他们那里了解到一些尚未发现的问题。

第二种为定量研究,它是使用一定量的样本来进行研究和测试,以及证明一些事情的方法,那么这里的一定量,相对于定性来说是大量的。定量研究通常会使用调查问卷和网站流量统计的方法。

第三种为定量人物角色,在可量化数据的支持下,设计师基于这些细分用户创建了人物角色,使其变得更加立体真实;量化的数据可以用于指导整体战略决策,确定功能优先权,在精准运营上有很大的作用。

当然,不必只局限于上面几种方式,设计师还可以加入很多其他的方式,每个方法也并不是单单适用于一个研究,如可用性测试,它既可以用在定性研究上,也可以用在定量研究上,在每个方法的应用范围内就会有很多的交叉点。图 4.6 显示了这些常用方法的一些归类。下次做用户研究计划的时候,设计师最好先停下来想清楚到底想知道什么,再确定哪种方法最合适。

步骤四:用户细分(见图 4.7),完善用户画像会将用户画像的颗粒度描绘得更精细,从而为品牌市场运营、战略制定提供有价值的参考,更好地服务用户;设计师构建用户画像的目的是解决用户的痛点,满足用户的需求;因此,在完成步骤三后,一定要结合洞察到的用户痛点来改进产品和服务。

图 4.4 和用户建立沟通

图 4.5 定性研究三要素

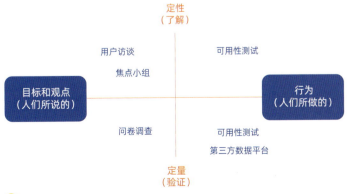

图 4.6 可用性测试

图 4.7 用户细分

4.1.4 用户画像的模板示例

收集到基础用户数据之后，设计师从用户的基本概况入手，从用户的年龄、地域、行业等维度进行分析，对用户画像进行建模（见图 4.8）。用户画像模板参考 This is Service Design Doing，用户画像的人物角色原型一般包括以下几个元素。

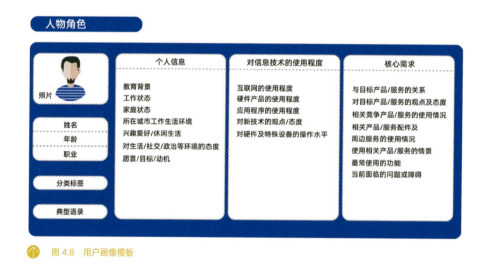

图 4.8 用户画像模板

1. 图片

展示一张有代表性的图片，避免使用名人，防止偏见，增强真实性；性别、年龄、种族的草图或展示共同属性、目标、动机、任务或行为的照片要避免定性的假设。

2. 名称

名称经常反映人物的传统和社会环境；有时，原型被添加为副标题，或者用作描述代表利益相关者或目标群体。

3. 个人信息

个人信息就是给团队提供人物的背景和目标群体的特殊画像，如年龄、性别和出生地。这也常会导致带有成见的假设，所以要非常小心。

4. 引述

一句话概括用户的态度，这句话的意思很容易被人记住，而且能帮助团队成员快速对角色产生共鸣。

5. 情绪意向图

这些图片或速写，丰富了角色和背景的关系，形象地说明了角色的生活环境、行为模型、目标和动机。较为常见的方法就是把角色总是随身携带的，如挎包、钱包或包内物品等作为背景图展示出来，表达情绪。情绪意向图可以作为对"书面描述"的进一步说明。

6. 描述

描述可以用来揭示角色的个性特征、态度、兴趣、技能、需求、动机、喜欢的品牌和技术及背景故事。这些信息包含研究问题的背景和与角色有关的重要信息，但应避免关联到明确的设计挑战或研究性问题等。

7. 统计数据

可视化统计总结了相关的定量信息，统计数据可以增强角色的可靠性——尤其当用于以定量为基础的管理和营销环境中时。统计数据可以是角色的起点，也可以用来证实更定性化的信息或描述。

下面我们可以通过不同风格的用户画像案例来了解制作用户画像的具体思路（见图 4.9～图 4.13）。

图 4.9 《倾伴计划》用户画像 / 宋嘉祺

图 4.10 《沈阳故宫虚拟空间方案》用户画像 / 王毅颖、吴嘉美、刘亭葳、李旻殷、孙昊宇

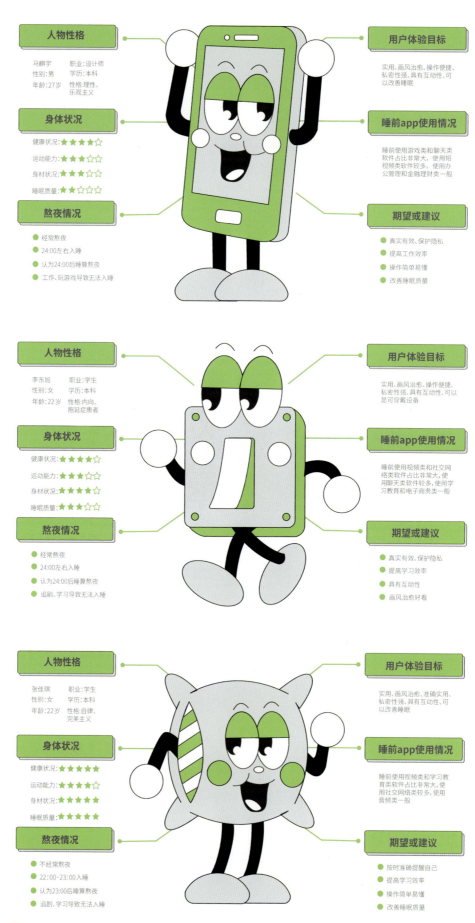

图 4.11 《满分睡眠》用户画像 / 卢爽、王紫楠、王泽生

用户画像
USER PORTRAIT

图4.12 《木偶朋友》用户画像 / 彭心语、孙诗涵、李雨顺、卢沁然、包宇轩

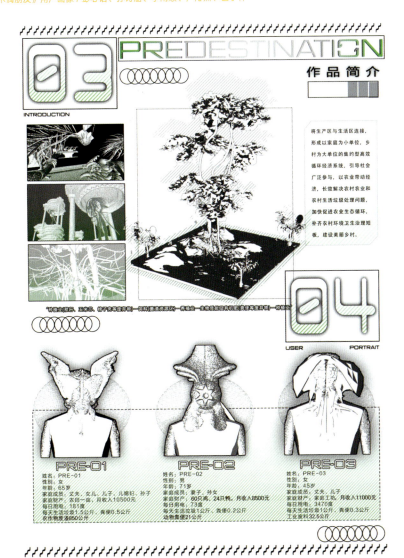

图4.13 《Predestination（前目的地）——多维目的集成生态系统》用户画像 / 刘家浩、赵聪、程姿华、林淑雯

4.2 用户旅程图

4.2.1 用户旅程图的定义

用户旅程图又被称为顾客旅程图、客户旅程图,是将整个服务按照进程步骤进行分解的方法;从用户角度出发,以叙述故事的方式描述用户使用产品或接受服务的体验情况,以可视化图形的方式呈现,从可视化的服务流程中发现用户在过程中的痛点和满意点,最后提炼出产品或服务中的优化点及设计机会点;同时,让服务提供者了解用户在使用过程中的全方位感受,让他们能够从用户的角度去考虑问题并执行设计。这个过程的结果即用户旅程图。

用户旅程图包括记录、发现、提炼3个部分,细分为行为、触点、情绪体验、痛点、机会点5个构成要素(见图4.14)。

图 4.14 用户旅程图的 5 个构成要素

4.2.2 用户旅程图的使用方法

用户旅程图是灵活的,它几乎可以适应任何项目预算或时间框架。设计师花在制作用户旅程图上的时间取决于方法(例如,是研究优先还是假设优先)。研究优先是指在绘制用户旅程之前,大量收集与用户有关的数据并深入研究。加上数据分析和参与者了解研究成果的时间,这个过程可能需要3~12周。假设优先是指设计师与内部、与参与者进行为期1~2天的研讨会。这个研讨会基于现有的知识进行结论假设,生成一个假设的旅程图。这种方法应该通过研究来验证草案,理想情况下,还应该通过一个评审研讨会来修改旅程图。当然,在实际研究中的发现很可能与设计师的假设结论存在不同程度的差异。

设计师可以通过用户旅程图深入了解用户使用某项服务或产品以达成某个目标的完整过程,在面对复杂服务和用户体验时能纵观全貌;思考"用户的目标是什么?从用户的角度来看,哪些功能不错,哪些不佳?在使用产品或服务的整个过程中,用户的情绪是如何变化的?用户在交互过程中遇到哪些障碍?目前的路径是否可以有所创新?"等问题。在服务体验设计概念阶段,用户旅程图是一种结果呈现方式。

4.2.3 用户旅程图的使用流程

步骤一:以用户的真实情况为准,使用户旅程图更真实;这里可以通过前期的用户研究,比如,访谈记录、行为研究、调查问卷、意见反馈等方法,获得大量真实有效的用户数据,然后对产品的目标用户进行分类,为每个用户创建角色模型（即用户画像，包含基本信息、诉求、期望、痛点），每个角色将对应不同的用户旅程图。

步骤二：确定用户体验场景。

首先，团队梳理用户行为路径，即用户从某个事件开始到某个事件结束所经历的所有路径，探索用户在关键节点的规律与特点，分析哪些是影响用户最终转化的因素，找出复杂节点，降低操作成本，将流程拆解成几个阶段，再具体为操作节点，之后分析每个节点的必要性，针对性地解决问题，优化用户体验流程（见图 4.15）。

其次，团队明确用户目标与路径后，以用户的视角代入使用场景，明确从"需求"到"目标"的核心路径，梳理出用户一级、二级场景。一级场景为整体的流程故事线索，如穿衣、出门、开车、停车、到达（见图 4.16）。二级场景为一级场景中的细节，如一级场景中的开车可以细分为开门、系安全带、启动、出发几个阶段（见图 4.17）。

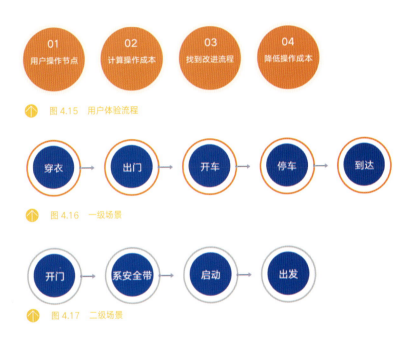

↑ 图 4.15 用户体验流程

↑ 图 4.16 一级场景

↑ 图 4.17 二级场景

最后，设计场景（见图 4.18），一是挖掘需求，挖掘用户使用目的及动机；二是研究需求，在已有需求上进行深入研究和优化。

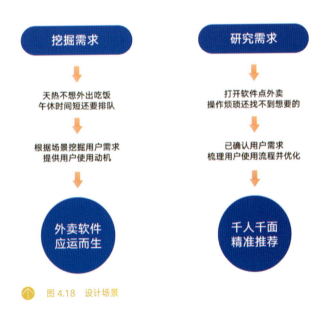

↑ 图 4.18 设计场景

■ 服务设计

用户体验场景切勿凭借主观思维过早定义（根据自己的认知/经验确定体验场景）。因为服务的用户场景可能有很多，团队要根据用户研究调查、用户访谈数据，将信息适当归类整理，而后得出体验场景。体验场景是用户旅程图的奠基石。

团队通过对用户体验场景进行分析，搭建用户使用场景并寻找设计机会点，发现在使用场景中出现的痛点，在此基础上，根据得到的结论和设计机会点等资料绘制用户旅程图。

步骤三：绘制用户旅程图，归纳触点，图 4.19 上的点是根据给用户布置的任务流程总结而来的，被称为触点，即在整个产品使用流程中，不同角色之间发生互动的地方；比如，用户拿起手机使用百度糯米"到店付"功能进行店内就餐，在从打开 app 查找餐厅，进店后看到有优惠活动，开始排队点餐，到最后完成支付进行就餐的整个过程中，人与人、人与机等的交互，就是任务流程中的触点。

图 4.19　归纳触点

画情感坐标（见图 4.20），在制作用户旅程图时将用户的情感表达设置为高兴、平静和不高兴（也可以用满意、一般和不满意代替）3 种类型，将任务流程中的触点置于平静的情感线上。

图 4.20　情感坐标

归类用户体验意见，在整个观察记录用户行为的过程中，团队会针对每一个环节向用户征询满意度并进行量化分析，然后把搜集到的满意点和问题点放到对应的触点上。满意点被放在高兴的情感线上方，问题点被放在不高兴的情感线下方（见图 4.21）。

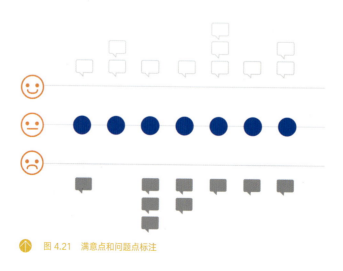

图 4.21　满意点和问题点标注

绘制情感曲线（见图 4.22），当满意点和问题点被全部铺开时，团队便可结合自身专业知识对每一个触点的情感高低进行判断，连线绘制以用户情感曲线为导向的用户旅程图。在绘制过程中，请注意权衡用户对问题点的在意程度，优先考虑用户不满意的地方。

↑ 图 4.22　绘制情感曲线

4.2.4　用户旅程图的模板示例

图 4.23 为用户旅程图模板：区域 A——用户模型通过分配角色和要验证的场景，为用户旅程图提供描述范围；区域 B——用户旅程图的核心是可视化的体验过程，通常把体验过程的块状段落对齐排列，用户在整个体验过程中的行为、想法和情感体验可以通过调研中的引用或视频辅以展现；区域 C——分析应根据用户旅程图支持的业务目标而有所不同，它可以描述研究过程中的发现和用户痛点，还有某个可聚焦方向的发展契机，以及所有权。

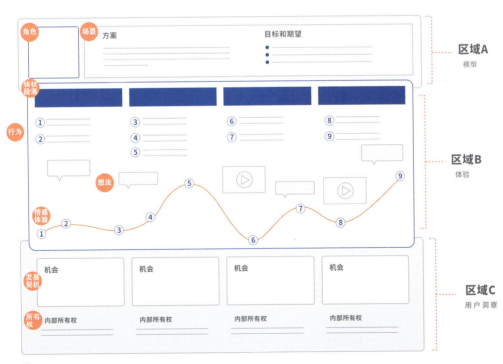

↑ 图 4.23　用户旅程图模板

用户旅程图一般包含 6 个基本元素（图 4.24）。

基本元素		具体描述
1.目标		用户的需求、期望、痛点
2.行为		用户进入下一步
3.触点	承载媒介	用户具体完成目标时需要承载的媒介或在下一步之前需要进行的思考
4.想法	惊喜	改善体验的积极愉快的事情
	问题	挫折、破坏体验的烦恼
5.情绪曲线		以触点为基础节点，描述用户在整个体验过程中的情感变化
6.痛点与机会		设计可以在新产品中实现的增强功能，解决所发现的任何问题

图 4.24　用户旅程图的 6 个基本元素

1. 主要角色

主要角色是指用户旅程图的使用者或用户，与用户旅程图息息相关，用户的行为深深植根于数据当中。角色为用户旅程图提供了一种视角，进而有利于构建一种清晰的叙述。例如，一个大学可能会选择学生或教师作为角色，但因角色的视角不同，所以会产生两种旅程路线。因而，如果一个大学想要全面地了解两种角色，应当为两种角色构建相应的用户旅程图。

2."情景 + 期望"

"情景 + 期望"描述了用户旅程图需要解决的问题，并且和角色使用用户旅程图的目标、需求及特定的期望有关。比如，用户想要换一个更划算的手机套餐，那他的期望就是可以很便捷地找到所有运营商的套餐信息。对现有产品和服务，情景可以是一种真实情况。此外，情景也可以是一种预期情况，用于尚处于设计阶段的产品。用户旅程图最适用于带有一系列事件的场景（例如，购物或旅行），它描述了一段时间内的过渡过程，也可能涉及多种媒介。

3. 旅程阶段

旅程阶段指的是用户旅程图中包含的不同的高级阶段，为企业提供了用户旅程图中包含的其他信息。旅程阶段依情景而异，因而企业通常会使用数据来确定阶段内容。在电子商务的情景下，如购买电子扬声器，旅程阶段可以包括发现产品、试用、购买、使用及寻求技术支持。在交易大型或豪华产品时，如试驾和购买汽车，旅程阶段可以包括产品参与、产品教育、产品研究、产品评估和购买理由。在 B2B（Business-to-Business）情景下，如推出企业内部工具，旅程阶段可以包括购买、采用、保留、扩展和倡导。

4. 行为、想法和情感

行为、想法和情感贯穿于用户旅程图的始终，在用户旅程图的每个阶段都被单独标注了出来。行为是指用户采取的实际行动和用户使用的步骤。这并不是指对独立的交互行为中产生事件的分步记录，而是指对用户在某一阶段中产生行为的一种叙述。想法对应的是用户在用户旅程图不同阶段内的问题、动机及信息需求。在理想情况下，这些想法来自用户研究中的用户记录。情感贯穿于用户旅程图的各个阶段，通常用单线表示，代表了用户体验过程中情绪的起伏，这种情感分层可以体现用户对产品的喜爱及不满。

5. 收获

收获连同所有权及衡量指标是指从用户旅程图中收获的见解，为优化用户体验提供了方法。收获可以帮助团队从用户旅程图中获取信息，有了这些信息，团队可以知道需要做些什么，谁有什么样的变化，最大的机遇是什么，应该如何衡量已经实施的改进措施等。

下面我们可以通过不同风格的用户旅程图案例来了解制作用户旅程图的具体思路（见图 4.25～图 4.29）。

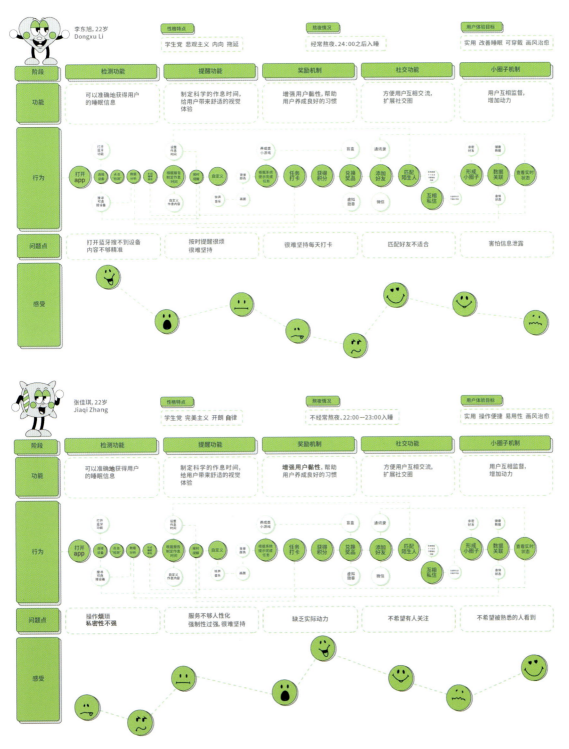

图 4.25 《满分睡眠》用户旅程图 / 卢爽、王紫楠、王泽生

■ 服务设计

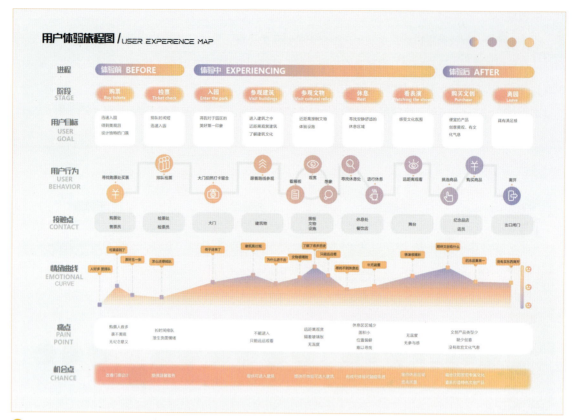

图 4.26 《沈阳故宫虚拟空间方案》用户旅程图 / 王毅颖、吴嘉美、刘亭葳、李旻殷、孙昊宇

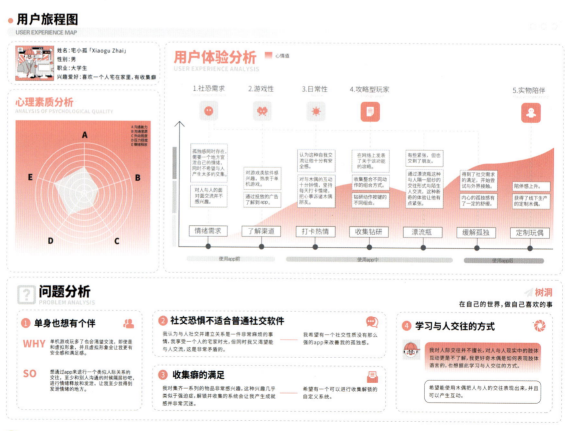

图 4.27 《木偶朋友》用户旅程图 / 彭心语、孙诗涵、李雨顺、卢沁然、包宇轩

用户旅程图 | USER EXPERIENCE MAP

上班族用户分析

上班族用户旅程

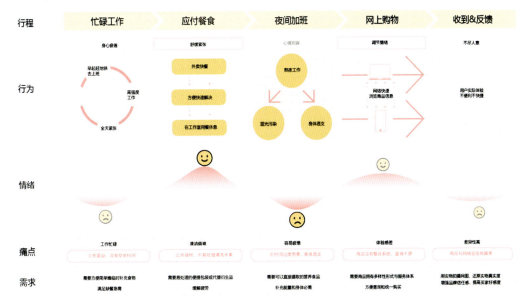

图 4.28 《桃喜》用户旅程图 / 李晨华、袁泉、孟昭硕、张闯、彭程远

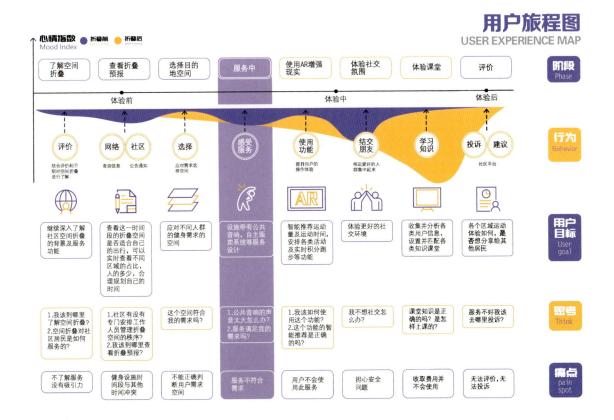

图 4.29 《空间折叠》用户旅程图 / 徐琳沣、唐欣宇、孟洋、刘雨洁、晁彬滔

4.3 利益相关者地图

4.3.1 利益相关者地图的定义

利益相关者地图是一种商业工具，旨在阐明角色和关系。它用于发现与项目有利害关系的个体或组织，并且根据与项目的关联性，对项目的影响力、重要性将这些个体和组织进行级别区分；通过分析各组织和个人的相互作用与关系，找出对项目最重要的某个或多个研究对象。党的二十大报告提出"促进区域协调发展"。服务设计应倡导不同行业间利益相关者的协同合作，推动服务设计与其他领域的融合创新，实现产业协同发展，共同推动经济社会进步。

利益相关者地图是通常用作查看利益相关者与项目目标、项目结果或最终产品关系的一种方式。对项目目标的关注是利益相关者地图与其他类型图区分开来的主要依据。因为大多数图标样式都关注项目、利益相关者或时间线。除了项目目标，补充信息也常包含在图表中。此外，利益相关者地图显示了组织或流程各部分之间的依赖关系，通常会显示利益相关者与已定义项目的特定层之间的关系；它还显示了利益相关者的重要性、他们对项目的影响及最终产品的成功。

4.3.2 利益相关者地图的作用

1. 清晰战略定位

在战略定位环节，利益相关者地图可以提供如下框架，帮助团队成员识别关键利益相关者，绘制利益相关者诉求大图（见图 4.30），让团队成员通过角色扮演等方式，洞察内外部利益相关者需求，以制定更清晰有效的策略。

图 4.30 利益相关者诉求大图

2. 提升团队绩效

首先，团队尽可能找出所有利益相关者，一一罗列并分类（内部和外部），内部是指直接参与事件的主体角色；外部是指间接受到事件影响的角色，如社区、政府监管机构、行业集团等。其次，团队通过分析厘清项目中各利益相关者是如何联系在一起的，将其动机利益和价值交换全部列出，洞察存在的问题和潜在的改进机会；团队成员分饰几个角色，通过角色转换增加新的视角，从而看到日常工作中看不到的内容。

4.3.3 利益相关者地图的使用流程

利益相关者地图的使用流程如下。

步骤一：确定利益相关者，利益相关者分析的第一步是"头脑风暴"项目的利益相关者；想想所有受项目影响的人，对项目有影响力或决策力的人，对项目成功或不成功感兴趣的人，如政府、企业、媒体、社区等都有可能是项目的利益相关者；虽然利益相关者可能是组织或个人，但最终必须与人沟通，确定利益相关组织内正确的个人利益相关者。

步骤二：排列利益相关者的优先次序，优先次序通俗地讲就是影响力，可以借助典型的利益相关者地图（见图 4.31）罗列相关人员；横向是利益相关者对项目感兴趣的程度（也可以理解为利益相关度），纵向则是利益相关者的影响力，所有利益相关者都可以被划分到这 4 个区域中，针对不同区域的利益

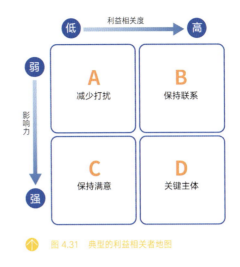

图 4.31　典型的利益相关者地图

相关者，采取不同的应对方式——A 区的影响力弱，利益相关度低的人，是应减少打扰的群体；B 区的影响力弱，利益相关度高的人，是应保持联系的群体；C 区的影响力强，利益相关度低的人，是应尽量使其保持满意的群体；D 区的影响力强，利益相关度高的人，是应重视的关键主体。

步骤三：理解核心利益相关者，知道他们对项目有什么感觉和反应，知道如何让他们参与项目，以及如何与他们沟通；通过与利益相关者沟通方式的对比，得出这样的关键问题——他们在参与和完成项目之后是否有物质和精神上的收获，是正面还是负面？他们最主要的动机是什么？他们想要哪些信息？他们如何收到信息？什么是最好的沟通方式？他们目前对项目进展的看法是什么？如果他们不太积极，什么能使他们支持项目？谁可能受到他们的意见的影响？这些人能否成为利益相关者？得到这些答案的一个很好的方法是直接与利益相关者交流，因为人们通常对他们的观点很开放，询问其意见通常是与他们成功建立关系的第一步。

步骤四：绘制利益相关者地图，把人物角色贴在白板、卡片、便签上，合并成名单或草图，列出利益相关者名单——从中获益者、拥有权力的人、可能受到不利影响的人、阻挠设计成果或服务的人；区分利益相关者的优先级，可以以受影响程度、联系度为衡量标准；将不同级别的利益相关者标记在地图上；使用带箭头的线画出不同利益相关者之间的价值交换，可以是产品（物质的交换可能是双向箭头）、金钱、信任、爱等，通常交换的东西不止一种，可结合文字、图像。

4.3.4 利益相关者地图的模板示例

利益相关者地图的模板一般包括以下几个方面的元素：用户、内部利益相关者、外部利益相关者。

椭圆洋葱图有助于识别不同级别的利益相关者（见图 4.32）。首先，团队可以定义顶级利益相关者，然后对该级别进行细分并确定更具体的利益群体；安排不同级别的利益相关者，以确定他们对项目的感兴趣程度，以及他们对项目最终结果的影响。利益相关者的优先级旨在体现他们的参与程度，并且此信息的视觉化展示对项目管理非常有用。这使团队能够了解并立即确定利益相关者的参与程度。

具有 3 个扇区的洋葱图（见图 4.33），包括 3 个不同强度的部门，有助于区分利益相关者。首先，团队需要定义同心环层数，然后根据利益相关者的参与程度和对项目的影响程度，将利益相关者安排在洋葱图的同心环中，每个同心环都有自己的颜色，其对应关系显示在一个图例中，团队只需填充图例项即可。具有 3 个扇区的洋葱图是探索项目利益相关者，了解他们的兴趣、动机、关注点等的完美方式。

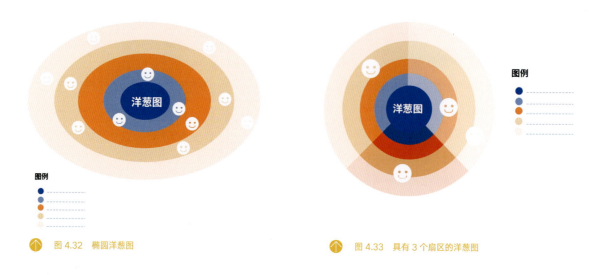

图 4.32　椭圆洋葱图

图 4.33　具有 3 个扇区的洋葱图

下面我们可以通过不同风格的利益相关者地图案例来了解制作利益相关者地图的具体思路（见图 4.34～图 4.37）。

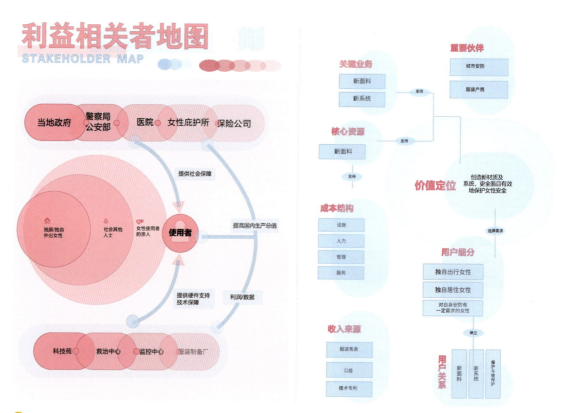

图 4.34　《智慧城市》利益相关者地图 / 杨奕灵、杨嘉宣、李惠珍、陈婧婧、周雨晗

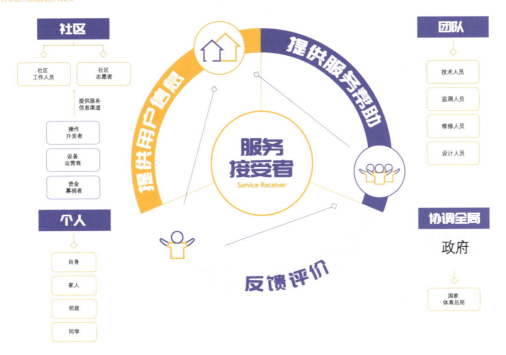

图 4.35 《空间折叠》利益相关者地图 / 晁彬滔、徐琳淳、唐欣宇、孟洋、刘雨洁

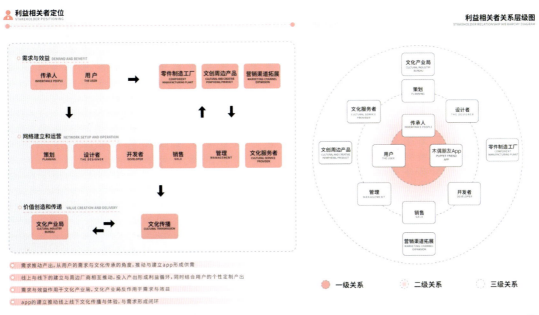

图 4.36 《木偶朋友》利益相关者图 / 彭心语、孙诗涵、李雨顺、卢沁然、包宇轩

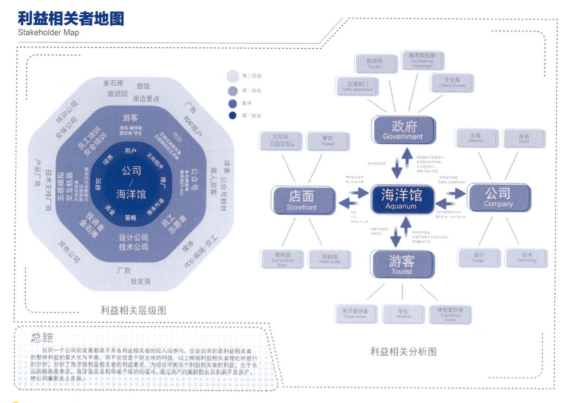

图 4.37 《从海里来到海里去》利益相关者地图 / 高捷、刘夏、常佳雯、袁澄、管霓

4.4 服务蓝图

4.4.1 服务蓝图的定义

服务蓝图是详细描绘服务系统的图片或地图，服务过程中涉及的不同人员可以理解并客观使用它，而无论他的角色或个人观点如何。我们可以将服务蓝图视为用户旅程图的延续，服务蓝图不仅包括横向的用户服务过程，还包括纵向的内部协作，是描绘整个服务前、中、后台构成的全景图。服务蓝图强调以用户为中心，提供更好的服务；可视化服务交互流程，包含用户可以感知和感知不到的流程。因此，服务蓝图的三大要素是人、流程、资源。

服务蓝图的五大原则：协作、有序、真实、整体、迭代（见图 4.38）。服务蓝图不仅可以将整个服务流程可视化，帮助企业优化服务流程，而且有助于设计师在流程中关注痛点，寻找机会点。

图 4.38 服务蓝图的五大原则

4.4.2 服务蓝图的使用方法

服务蓝图在整个服务产品设计流程中都发挥着作用（见图4.39）。前期，它可以在移情和定义阶段被用来了解服务概况；中期，它可以被用来研究原型制作过程中可能发生的变化；后期执行时，它可以被用来传达理想服务状态的愿景和目标。

移情和定义阶段：记录需要知道的内容来定义研究计划；了解员工当前的痛点，根据当前流程确定机会；调整服务的领域并确定其优先级。

构思和原型阶段：构思和可视化新流程；将时间和资源花费在逻辑上不起作用的产品前，对可能的变化先进行原型设计；评估流程变更带来的潜在业务影响。

测试和执行阶段：跟踪状态并告知组织路线图；跨部门沟通变更；打破各自为政的局面，使每个人都站在单一真理的背后。

图4.39 服务蓝图使用方法

4.4.3 服务蓝图的使用流程

服务蓝图能够将组织流程变为可视化的图标，能够使用户体验最优化。它是在服务体验设计中使用的主要工具，与用户旅程图相似。服务蓝图的绘制应该是一个合作的过程，并且有明确的目的，以用户研究数据为基础。其绘制过程一共包括6步（见图4.40）。

图4.40 服务蓝图的绘制步骤

步骤一：选定潜在区间，从服务中挑选一个待改进的部分来描述，如"办理入住"；不要选择太细致的步骤，而应该聚焦与用户体验直接相关的重要环节，此处可参考用户反馈及内外部数据；通常倾向于选择通俗易懂且没有经过特殊设计的自然形成的环节来深入分析。

步骤二：选定场景，从潜在区间中选择最常见、问题最大、改进之后总体提升最明显的场景进行分析；召集相关人员，包括实际操作者和业务专家，给出一句话的场景应用描述，如用户想要（在线点单），他经历了（与拼桌的人分别下单），造成了（上菜混乱）。

步骤三：绘制蓝图，在相关人员的帮助下，把这个场景前后台的所有步骤罗列出来，召集业务专家讨论；在讨论前，可以准备每个步骤和触点的信息，包括图片、视频、文字描述等；对照蓝图分层（分别为触点、人员、技术、观察、数据、规章），检查每个步骤上的相关元素是否发挥作用。

步骤四：深入分析，在讨论到每个步骤时（从左到右），探究更深层次的分层（分别为后续问题、关键时点、想法创意），尤其注重记录关键时点和想法创意；关键时点通常包含"潜在失败点"，如用户在餐厅点单时，有的菜品售完可能会造成体验的全盘溃败；这个步骤通常能够帮助团队找到务实的改进方向，而如果企业已经开展了多个场景的蓝图分析，也能从对比中找到亟须解决和改善的地方。

步骤五：框定主题，在各个步骤，甚至是多个场景中收集到一系列关键时点和想法创意之后，相关人员可以集中讨论所有的信息并从中找到共性；我们可能会发现，很多问题都和"员工培训"，或是"技术故障"有关系，为后续动作指明了方向；在回顾这些主题的时候，可以参考选择潜在区间时对这个服务环节设定的目标，考虑如何将改进方案与它们联系起来。

步骤六：制定策略，从主题中，区分需要长期转变和即时修正的事项；长期转变需要相关成员达成一致，制定统一的新目标，再通过本质、核心的改变或创新逐步实施，提升整体服务；而即时修正事项通常可以指派专人和团队立刻执行，具体优化有问题的步骤。

4.4.4　服务蓝图的模板示例

服务蓝图模板（见图4.41），详细描述了单个部门或雇员的流程，以及流程如何相互衔接，如何和用户活动连接。服务蓝图一般包括以下几个元素。

1. 有形展示

有形展示是用户能接触到并能被设计的实物。除了有形的物品，通过非物理渠道（如电子邮件、短信或交互式语言应答系统）传递的信息页也包含在里面。

2. 用户行为

用户行为表现的是用户旅程图上用户使用该服务的过程，包括多个物理证据，在横向上按照触点先后顺序标注，如"购买信息搜索""物品评估""购买决定"等典型的购买过程；切记要用参与者的视角来标记这些活动，地图表现得尽可能简洁，减少多余信息和最深层细节。

3. 互动分界线

互动分界线划分了用户行为和前台交互的边界。如果用户与一线员工交互，那么服务蓝图显示通过互动分界线进行链接。

以海底捞为例，海底捞在确保联络人员建立良好关系方面付出了很多努力。为了做到这一点，海底捞创建了一个服务蓝图（见图4.42），详细解释了消费者与前台和后端之间的关系。为了确保海底捞与消费者的利益保持密切联系，海底捞根据其服务蓝图对其员工进行了严格的消费者问题处理和产品个人展示的培训。

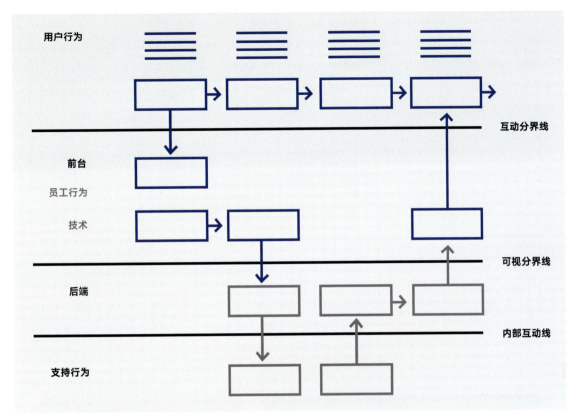

图 4.41 服务蓝图模板

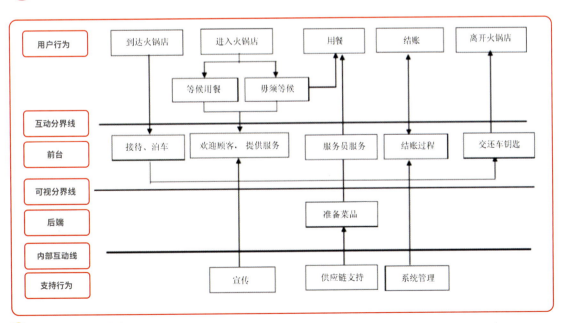

图 4.42 海底捞服务蓝图

4. 衡量标准

任何能够为服务蓝图提供背景的成功指标都是有好处的，特别是当服务蓝图的目标是明确的时，如花在各种流程上的时间，或者与之相关的财务成本；这些数字将帮助企业识别由于沟通不畅或其他低效率行为而浪费的时间或金钱。

5. 情感

类似于用户的情绪在整个用户旅程图中的表现，员工的情绪也可以在服务蓝图中得到体现，服务蓝图中使用这些数据可以帮助集中设计过程并更容易找到痛点。

6. 流程

流程支持员工提供服务的内部步骤和交互，该元素包括所有要发生的事情。家电公司的运营过程包括信用卡验证、定价、从工厂到商店的送达、编写质量测试等。在服务蓝图中，关键元素被组织成簇并被线分开。

下面我们可以通过不同风格的服务蓝图案例来了解制作服务蓝图的具体思路（见图 4.43～图 4.45）。

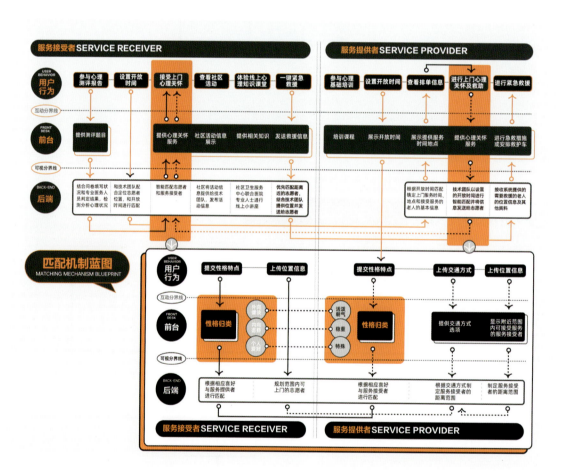

图 4.43 《倾伴计划》服务蓝图 / 宋嘉祺

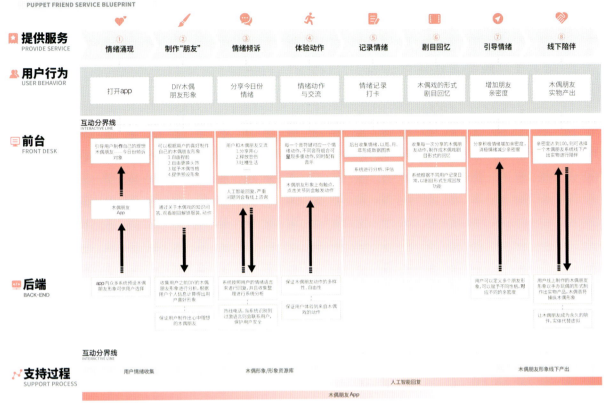

图 4.44 《木偶朋友》服务蓝图 / 彭心语、孙诗涵、李雨顺、卢沁然、包宇轩

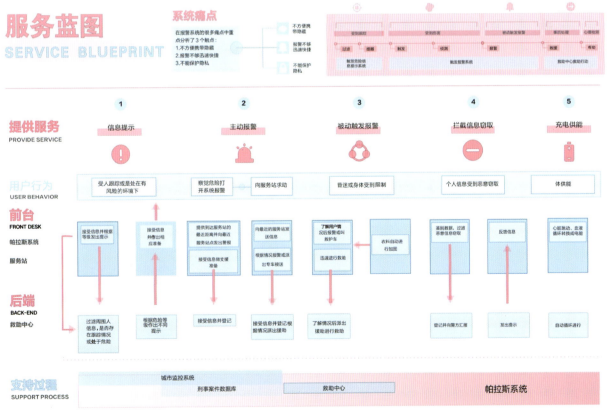

图 4.45 《智慧城市》服务蓝图 / 杨奕灵、杨嘉宣、李惠珍、陈婧婧、周雨晗

4.5 服务系统图

4.5.1 服务系统图的定义

服务系统图也被称作服务生态图或系统范式图,用来表述服务系统存在的系统动态机制。服务系统图可以清晰地表现各个服务元素、结构、服务系统的目的性行为,以及服务模式之中各个利益相关者所处的地位与相互间的配合;通过"图标 + 引导线"的视觉可视化形式从信息、资金和物质的角度描述系统如何运行;可以把利益相关者划分为主要利益相关者和次要利益相关者两个层级分别表达;帮助设计师厘清渠道、路径和触点之间存在的关系,以及员工、用户和其他利益相关者如何做、如何体验及他们在新环境中的行为,从而清晰地表示各元素之间的信息流、资金流、物质流及行为交互关系。

4.5.2 服务系统图的使用方法

服务系统图可以被用在初步 / 深度调研后,也可以用来呈现新设计的体系。若把它放在调研后、出概念之前,主要用于发现与项目有关的所有实体之间的联系,以及识别出其中存在的问题;若放在出概念之后,主要用来呈现新设计系统中各主体之间的关系,方便他人理解。

在服务设计项目的早期阶段,服务系统图可以被讨论并被视觉化呈现,这应该在更详细的用户旅程图和服务蓝图工作之前。通过在早期构建对服务的广度和复杂性的共同理解,服务系统图可以说是一个强大且易于实现的工具。

4.5.3 服务系统图的使用流程

服务系统图的使用流程如下(见图 4.46)。

步骤一:准备和打印数据,准备所有收集的数据,以及打印出一些关键的照片、数据等,将这些内容整理至研究墙;同时,邀请合适的人员来一起绘制服务系统图。

步骤二:列出角色 / 利益相关者,浏览数据,写下要进行绘制的生态系统中的现有或潜在的角色 / 利益相关者。

步骤三:根据研究数据确定角色 / 利益相关者的优先级;确立的标准可以提前给出或由绘制小组自行定义。

步骤四:在服务系统图上标示角色 / 利益相关者,根

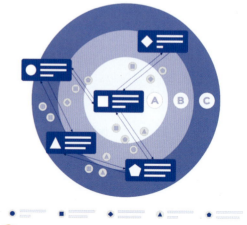

图 4.46　服务系统图使用流程示意

据优先级标示角色/利益相关者在地图的不同位置，可以使用便签，方便在墙上进行位置调整。

步骤五：说明角色/利益相关者之间的关系，可视化生态系统内的相互依存关系，以及可选择性地将其延伸为价值网络图或生态系统地图，说明它们之间的价值交换；可阐述的内容为角色/利益相关者之间的信任度、交换信息的类型、渠道、关系是否正式、层级等。

步骤六：填补空白和迭代，服务系统图中缺失的内容，用作研究问题；重复研究，用数据填补空白，根据服务系统图的焦点，各部分细节层次要保持一致，或者更加详细描述、突出某些特定部分；邀请用户或员工提供真实反馈，并且利用他们的反馈完善服务系统图。

步骤七：追踪，用照片记录进度，撰写服务系统图的摘要；如有需要，可将创建的服务系统图通过实体或数字的形式，分发给相关的组织或用户。

复杂性的系统问题可以借助服务系统图解决。复杂性来源于系统中的参与者（有机体或无机体）、参与者之间的关系、参与者的数量、环境、情境、流程等因素。服务系统图提供了一个俯视的视角让我们抽身于实际问题的泥沼，站在可伸缩的不同维度思考系统的整体性和差异性之间的平衡，理解服务系统的动态关系网，找出症结及发现机会。

4.5.4 服务系统图的模板示例

首先，一个服务生态系统被构造成一组同心环，并且从"12点"位置逐阶段顺时针读取。服务系统图环形的结构使其有别于传统的用户旅程图。因为它强调一个服务流程没有真正的结束，以发现和消费新的产品来开启下一个循环；并且还强调生态系统的整体性，包括清晰边界内的所有要素，与服务蓝图和用户旅程图的延伸或是线性性质有所不同。其中包含4层（从里到外）：用户需求、用户与服务的交互、触点和阶段（见图4.47）。

服务系统图的基本模板有利于清晰地梳理利益相关者之间的关系（见图4.48）。

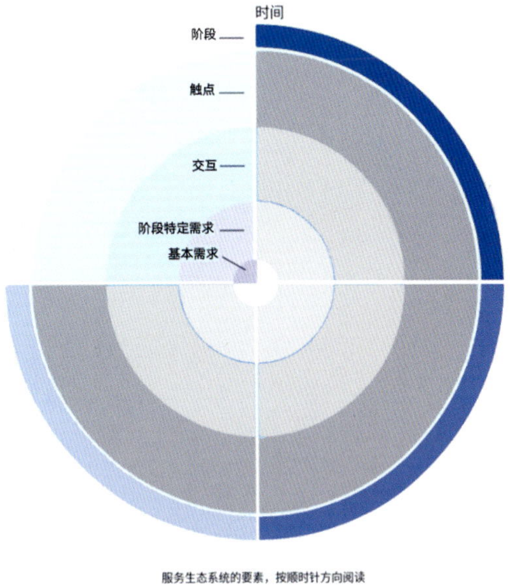

1. 用户需求

服务系统图代表了以用户为中心，将用户置于可视化的核心。用户的基本需求占据了圆的正中心，而阶段特定需求则位于紧邻基本需求的同心环。以保险供应商的服务生态系统为例，用户的基本需求可能是"在意外情况下感受到被保护"；在"使用"阶段，即触发索赔的事件发生时，更具体的需求可能是"保证"和"协助"。

2. 用户与服务的交互

紧邻阶级特定需求的同心环包含用户与服务的交互，用非常简单、具体的术语（通常是"动词+名词"）表示。继续保险供应商的例子，交互可能是"发起索赔"或"更改客户详细信息"（而不是"通过应用程序报告索赔"或"更改客户域中的详细地址"）。

图 4.47　服务系统图的要素

图 4.48 服务系统图模板

3. 触点

一个特定阶段的"交互"发生的地方被聚集在紧邻交互的同心环——触点。在这里，在特定阶段扮演角色的触点会被命名。它们可以是"应用程序"或"呼叫中心"或"电子邮件"。与交互类似，它们在环中的位置并不意味着顺序，也没有试图以可视方式连接"交互"；我们在描述触点时应该有适当的细节，"在线""数字"或"面对面"都太模糊了，无法使用，像"网站"这种是可以的。

4. 阶段

最外层的同心环包含用户所经历的服务的阶段。在实际项目中，这些阶段名称应该与稍后可交付成果中使用的阶段对应，如应该和用户旅程图的阶段进行对应。对许多服务而言，典型的阶段名称会出现（例如，"意识""前去""购买""使用"等）。在服务生态系统工作坊之前找到并确定阶段名称，通常是有意义的。

下面可以我们通过不同风格的服务系统图案例来了解制作服务系统图的具体思路（见图 4.49～图 4.51）。

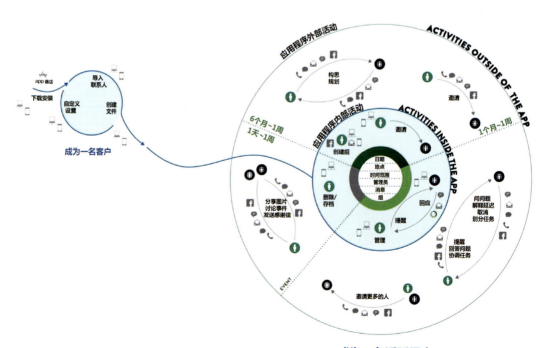

图 4.49 《设计数字战略，第一部分》/ 一个活动策划应用的服务系统图

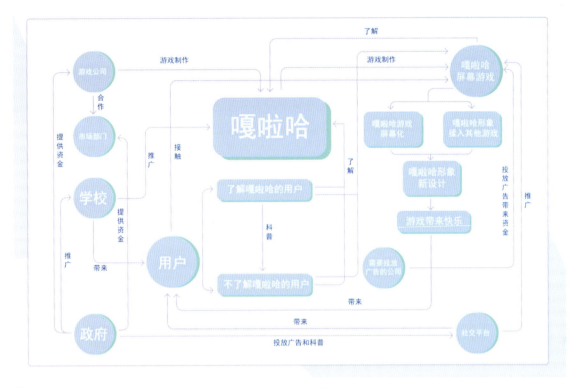

↑ 图 4.50 《嘎啦哈收集事务部》服务系统图 / 时鸣慧、马昊、陈丹琪、李美洁、周舒颜

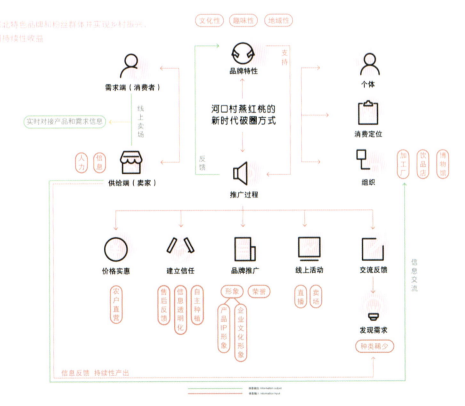

↑ 图 4.51 《桃喜》服务系统图 / 孟昭硕、李晨华、袁泉、张阔、彭程远

4.6 商业模式画布

4.6.1 商业模式画布的定义

商业模式画布是亚历山大·奥斯特瓦德、伊夫·皮尼厄在《商业模式新生代》中提出的一种用来描述商业模式、可视化商业模式、评估商业模式,以及改变商业模式的通用语言(见图 4.52)。商业模式画布由 9 个基本模块构成,涵盖了用户、提供物(产品/服务)、基础设施和财务生存能力 4 个方面,可以方便地描述和使用商业模式,来构建新的战略性替代方案。商业模式简单来说就是企业创造价值、传递价值、获取价值的方式。它不仅包含整个企业的盈利模式,还包含如何对产品进行成本控制。

图 4.52 商业模式画布

4.6.2 商业模式画布的使用方法

商业模式画布可用于服务设计的各个阶段。通过商业模式画布,设计师可以看清与正在开发的服务有关的经济、环境等影响因素,系统地回答"我们创造什么样的价值""我们为谁而创造""我们如何交付产品/服务""哪个概念能使各利益相关者实现价值预期"等问题,帮助设计师评估和完善创意,快速地将一项服务商业化。商业模式画布可以在新产品或服务创意之前,规划商业模式;可以是老产品或服务的商业模式的迭代,对老产品作一个复盘、剖析和诊断;也可以把竞争对手的商业模式作一个系统的、完整的分析;还可以作为销售作战地图使用。

商业模式画布是说明商业运行机制的重要方式，也是一种用来系统反映商业模式、描述商业模式、可视化商业模式、评估商业模式，以及改变商业模式的通用语言工具。整个画布分为 9 个主要功能区域，它们之间的联系也可通过箭头或手绘图形表示，在使用过程中，将模板打印在较大的纸张上，便于团队所有成员都能参与"头脑风暴"，促使整个团队对商业模式展开分析、讨论、决策。

4.6.3　商业模式画布的使用流程

每一种商业模式都是独特的，有着各自的挑战、障碍和关键性因素，商业模式的创新无非有以下 4 种：满足未被响应的现实市场需求、将新的产品 / 技术 / 服务推向市场、用更好的商业模式来改进或颠覆现有市场、创造一个新的市场。

对成熟企业来说，商业模式创新活动通常反映了当前的商业模式和组织架构，主要动机如下：当前有危机、为了适应环境的变化调整 / 改进 / 捍卫当前的模式、将新的产品 / 技术 / 服务推向市场、为未来做准备。

在这里，有一个基础的模板可以适应任何组织的调整，这个模板主要有 4 个步骤：动员、整理、设计、实施管理。

步骤一：动员，研究和分析商业模式设计活动所需的元素，需要对商业模式即将演进的背景环境有良好的理解；收集资料，将相关商业模式画布的信息放进笔记中，做好素材收集和梳理工作。

步骤二：整理，将商业模式画布放在一个较大的平面（如白板，长桌等），边分析边画（也可根据企业的偏重进行调整），结合收集素材依次进行"头脑风暴"，将每个点子都单独写在一张便签上并贴在相应的模块里，直至每个模块都有大量可选方案（见图 4.53）。

图 4.53　便签式模块整合

步骤三：设计，经过讨论分析，依次留下每一模块中最好的点子，将多余的便签撕掉。

步骤四：实施管理，探讨不同便签内容之间的关系，将其关联起来，得出商业模式的最佳方案；实地实施商业模式，需要注意的事项——主动管理路障、项目赞助人持续的支持、管理好新旧项目之间的关系、多渠道的内部沟通活动。

4.6.4 商业模式画布的模板示例

商业模式画布一般包括以下几个元素。

1. 用户细分

所谓用户细分就是在整体市场中寻找有特定偏好、特定需求的用户，并且为这群用户生产特定的产品来满足他们的需求（见图 4.54）。这里其实涉及企业市场管理的一个重要理论——STP（Segmentation，Targeting and Positioning）理论，它包含 3 个环节：市场细分、目标市场选择和企业自身定位。

图 4.54 用户细分关键词

举个例子，在市场中我们可以按照目标用户将企业分为两类：一类是平台型企业，选择为所有人提供服务，此时对这类企业而言，就没有用户细分的概念，如淘宝电商平台；但是在市场中绝大多数企业都是针对细分市场去提供特定服务的，这种模式在今天这种高竞争环境中更能获得成功，如得物 App 是面向年轻人的电商平台，它选择专注细分热爱球鞋、潮品穿搭和潮流文化的人群，而不再像淘宝与京东那样去提供全品类的电商服务。

市场中的用户细分可参考的维度有很多种，以下是两个通用的维度。

人口维度——年龄、家庭规模、家庭周期（单身/已婚/丧偶等）、性别、年收入、职业、受教育程度、宗教、种族、国籍、社会等级等。

信息化维度——线下流程阶段、线上流程阶段。

当把这些弄清楚后，我们可以非常方便地画出目标群体的用户画像。比如，一家企业财控类 SaaS（Software-as-a-Service）软件的典型用户画像——企业中等规模，信息化程度低，使用传统的纸质报销模式，企业内部为销售驱动型，销售人员有一定数量，企业管理层对新事物具备较高的接受度。

2. 价值定位

企业所提供的产品或服务的出发点是什么，针对细分用户创造了什么样的价值产品或服务，能为他们解决什么问题？

3. 关键业务

此处指企业为用户提供产品或服务的关键商业活动，如研发、生产、推广等。

4. 核心资源

此处需要明确的是企业的核心竞争力是什么，如核心技术、销售网络、产业"大咖"等。

5. 重要伙伴

此处指在企业整套商业运作中处在企业外部的合作方，如供应商、咨询方等。例如，iPod 与 iTunes 产品服务组合的商业模式（见图 4.55）。

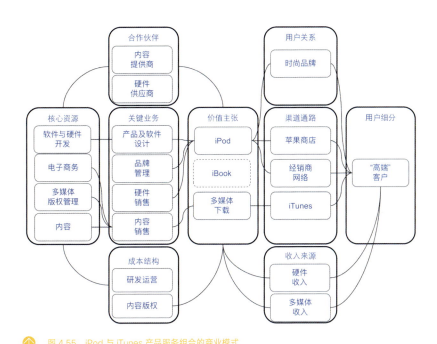

图 4.55　iPod 与 iTunes 产品服务组合的商业模式

6. 用户关系

企业要同细分市场中的用户建立何种关系，是伙伴关系、销售关系，还是粉丝关系？

7. 渠道通路

企业如何与用户建立联系并将价值主张传递给用户，传递的作用主要包括使用户更了解公司的产品或服务（提高知名度）、帮助用户评估公司的价值主张（通过评价获取信息优化业务）、使用户购买产品或服务（提高购买率）、向用户传递价值主张（传递）、向用户提供售后支持（售后）。渠道通路需要考虑的问题——用户希望用何种方式与企业联系？企业如何去建立这种联系？企业的渠道（自由渠道、合作方渠道）是如何构成的？哪个渠道最有用？哪个渠道成本最低？企业如何将这些渠道与日常工作整合到一起？

8. 成本结构

此处指企业为该目标用户群体提供产品或服务时，产生的固定成本与变动成本之和。

9. 收入来源

这里主要描述企业要用何种方式进行盈利，产品或服务要如何定价。什么样的价值让用户愿意付费？他们现在付费买什么？他们是如何支付费用的？每个月收入占总收入的比例是多少？他们更愿意如何支付费用？互联网盈利模式：流量变现模式——将网站流量通过某些手段转化为现金收益（如百度广告）；佣金分成模式——直接为用户服务，收取一定分成（如直播平台）；增值服务模式——基础功能免费，高级功能收费（如会员）；收费服务模式——顾名思义，就是付费买服务。

下面我们可以通过不同风格的商业模式画布案例来了解制作商业模式画布的具体思路（见图 4.56～图 4.60）。

图 4.56 《倾伴计划》商业模式画布 / 宋嘉祺

重要伙伴
IMPORTANT PARTNER

小米公司提供品牌影响力，以及生产技术与生产力，用户群与粉丝群体

医疗专家与权威机构进行专业的线上指导

政府和公益机构支持

核心资源
CORE RESOURCE

小米公司的生产力、技术、品牌影响力等

创意、设计的部分

收入来源
SOURCE OF INCOME

顾客购买该商品的费用

公司投资

政府和公益机构的扶持金

价值定位
VALUE PROPOSITION

通过手环帮助用户改善睡眠质量，形成一个良好的生活习惯

使用户改掉拖延，变得自律

利用用户的积分来为公益事业作出贡献

用户关系
USER RELATIONSHIP

为用户提供权威的健康指南，帮助用户改善不健康的生活方式

渠道通路
CHANNEL ACCESS

app

智能穿戴设备

公众号

成本结构
COST STRUCTURE

生产手环所需要的费用

与医疗专家与权威机构合作的费用

用户的奖励支出

公益事业的投入

用户细分
USER SEGMENTATION

任何人（所有人都可以用它来帮助自己养成良好的生活作息）

主要针对年轻人及一些存在睡眠障碍的群体

关键业务
KEY BUSINESS

关注用户的睡眠质量，检测用户的身体状况

提醒用户完成既定的目标

用户积分可用于公益事业

图 4.57 《满分睡眠》商业模式画布 / 卢爽、王紫楠、王泽生

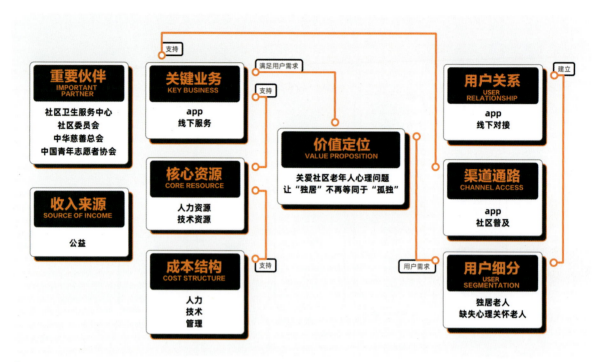

重要伙伴	关键业务	价值定位	用户关系	用户细分
8 大品牌快递公司	7 (1) 平台业务 (2) 营销 (3) 商家拓展 (4) 商家指导	2 (1) 不出门实现购物 (2) 资金安全保护 (3) 让商家更容易做生意 (4) 帮创业公司提供安全稳定的设施，帮他们节省开支	4 在线、电话客服与商家是合作关系	1 (1) 大众消费者 (2) 中小商家 (3) 创业公司
	核心资源 6 (1) 合作品牌 (2) 信任平台		**渠道通路** 3 (1) 自家电商平台 (2) 合伙流量渠道 (3) 销售团队	

成本结构	收入来源
9 (1) 软件研发人力成本 (2) 营销费用 (3) 平台管理、服务器维护	5 (1) 店铺管理费 (2) 直通车推广收入 (3) 云服务器使用费

↑ 图 4.58　阿里巴巴（部分业务）商业模式画布

星巴克成立于1971年，被称为生活方式公司，提倡第三空间，开始时星巴克只是西雅图的一家销售咖啡豆和香料的门店，之后合伙人去意大利出差，被当地的意式浓缩咖啡所吸引，从此星巴克成为销售滴滤咖啡、三明治等的第三空间，在这里，人们可以尽情社交不受打扰。

↑ 图 4.59　星巴克商业模式画布

<table>
<tr><td rowspan="2">重要伙伴
海鲜供应商
餐饮商家</td><td>关键活动
超市
餐饮
外卖</td><td rowspan="2">价值定位
新鲜每一刻
所想即所得
一站式购物
让吃变得快乐</td><td>用户关系
粉丝运营
及时服务</td><td rowspan="2">用户细分
有一定经济实力、拥有家庭的中青年互联网用户</td></tr>
<tr><td>关键资源
财务资源
技术资源</td><td>渠道通路
1.线上和线下打通，实现全渠道营销
2.全自动物流模式</td></tr>
<tr><td colspan="3">成本结构
算法 物流 采购 管理</td><td colspan="2">收入来源
零售 餐厅 电商</td></tr>
</table>

图 4.60 盒马鲜生商业模式画布

4.7 故事板

4.7.1 故事板的定义

故事板源自电影行业，早在 20 世纪 20 年代的时候，迪士尼工作室就常常用故事板勾勒故事草图（见图 4.61），这些草图让电影和动画工作者可以在拍摄之前，初步构建出想要展现的世界。故事板就是一系列表明事件详细经过的图示。它可能包括服务通常发生的场合或新服务原型的假设实施。

故事板总是有顺序的，通过视觉化的手段（如图形、照片、插图）来描述整个事件的经过。故事板可以帮助营销人员更容易地看到产品故事或产品卖点，设计师可以简单地在一张纸上绘制一组正方形，每个正方形内都有步骤，或者包含脚本、道具和角色列表。某种程度上说，故事板就是视觉化的用户旅程图，只是表现形式不同。常用的故事板有手绘漫画式和可操纵的木偶式。手绘漫画中每个正方形代表一个场景，而手绘卡片（如角色、物件的轮廓剪影）加上布景，就能变成可操纵的木偶式故事板，它就像立体的舞台，设计师可以一边讲故事，一边移动卡片。

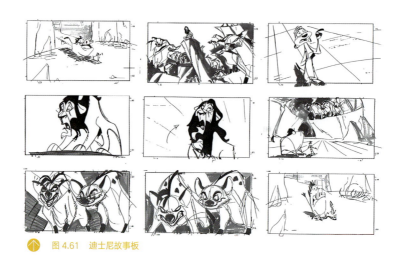

图 4.61 迪士尼故事板

4.7.2 故事板的使用方法

故事板可以应用于解读设计流程。设计师可以跟随故事板体验用户与产品的交互过程，并且从中得到启发。故事板绘制会随着设计流程的推进不断改进，在设计初始阶段，故事板仅是简单的草图，可能还包含一些设计师的评论和建议。随着设计流程的推进，故事板的内容逐渐丰富，会融入更多的细节信息，帮助设计师探索创新并作出决策。在设计流程末期，设计师依据完整的故事板反思服务设计形式、服务蕴含的价值，以及如何提高设计的品质。在设计工程中，设计师可以利用故事板描述与讨论用户使用场景，体验用户与产品的交互过程，并且从中得到启发。故事板描绘使用场景的方法使设计师在使用产品的整个过程中可视化用户的需求和与用户的交互。通过这种方式，设计师可以专注于解决整个设计过程中影响完成任务的难题。

故事板所呈现的是极富感染力的视觉素材，因此，它能使观看者对完整的故事情节一目了然，即用户与产品的交互发生在何时、何地，用户在与产品的交互过程中产生了什么行为，产品是如何被使用的，产品的工作状态、用户的生活方式、用户使用产品的动机和目的等信息皆可通过故事板清晰地呈现。设计师可以在故事板上添加文字辅助说明，这些辅助信息在讨论中也能发挥重要作用；如果要运用故事板进行思维的发散，生成新的设计概念，那么可先依据最原始的概念绘制一张用户与产品交互的故事板草图，该草图是一个图文兼备的交互概念图。无论是图中的视觉元素，还是文字信息都可以用于设计流程和评估产品。

4.7.3 故事板的使用流程

以下为故事板的生成方法（见图 4.62）。

图 4.62 故事板的生成方法

步骤一：从文本加上箭头开始（见图 4.63），将故事分割为不同的瞬间（背景信息、事件触发、角色作出的决定，以及最终的结果或遗留的问题）。

步骤二：为故事增加情感状态（见图 4.64），通过添加表情符号的方式为故事板强化情绪表达，帮助其他观看者明白这些角色身上发生的事情和经历的情感；尤其要注意标明痛点和关键点的情绪反应（角色期待发生的事情，以及结果对角色的影响）；尽可能简单直观地勾勒出情感状态。

步骤三：将每个步骤填写到故事板框架中（见图 4.65），强调特定的时刻，并且思考角色在这些时刻的感受。

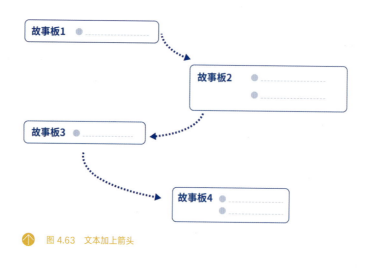

图 4.63 文本加上箭头

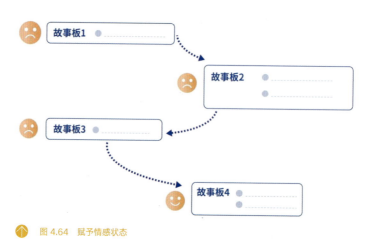

图 4.64 赋予情感状态

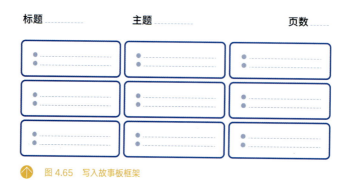

图 4.65 写入故事板框架

步骤四：呈现清晰的结果（见图 4.66），不要让故事板的观看者对故事的结果抱有疑虑；如果角色最终结果并不理想，那么设计师应该清晰地呈现出实际遭遇的关键问题；如果结果比较不错，那么设计师应该表明角色从中获得的好处。

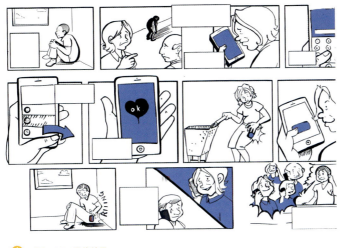

图 4.66　最终结果

4.7.4　故事板的模板示例

1. 人物

首先，每一个故事板中都应当有至少一个具体的人物，就好比每部电影里都有贯穿故事的男女主角一样。在设计前期进行问卷调查、用户访谈和实地观察等用户研究后，设计师需要确立典型的用户画像，绘制同理心地图；在故事板的叙述过程中，需要将这个典型用户视觉化出来，并且把同理心地图中所看、所听、所想、所说、所做的一些重要内容以叙述性故事的形式展示出来。

2. 场景

场景和道具能够影响角色的行为或支撑故事的要点，简单的建筑平面图可以帮助主要场景元素的布置。在场景设计上，设计师无须在背景细节之处浪费过多时间，过于繁杂的背景还有可能干扰观看者的关注点，影响角色的塑造。场景包括一组预定义的插图，可以通过组合创建视觉故事，有不同类型的可用图形元素，如角色、气泡、标志、箭头、建筑物、设备、交通元素、办公家具和背景等。基本的场景设置会提供大约 48 个不同的插图，可用于制作故事板。

3. 剧情

故事板就像电影一样，会根据故事发展的情节分为不同的片段，每一个画面都可能是故事中的一个重要转折点。故事板应从简单的形式开始，发展出复杂的形式，将内容划分为清晰定义的片段，简化制作过程，从开头到情节曲折，再到最终结局，确保制作不会偏离正道。

下面我们可以通过不同风格的故事板案例来了解绘制故事板的具体思路（见图 4.67～图 4.71）。

服务设计

图 4.67 《可触摸动物园服务体验设计》故事板 / 许珈澜、孙莹、张总涵、杨欣语、徐晨

图 4.68 《木偶朋友》故事板 / 彭心语、孙诗涵、李雨顺、卢沁然、包宇轩

图 4.69 《嘎啦哈收集事务部》故事板 / 时鸣慧、马昊、陈丹琪、李美洁、周舒颜

图 4.70 《多感官互动加湿器》故事板

■ 服务设计

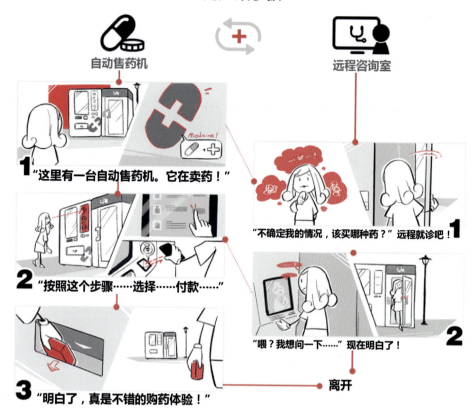

↑ 图 4.71 《自动售药机项目》故事板

【服务设计工具动态演示《倾伴计划》】

【服务设计工具应用过程剪辑】

章节训练和作业

1. 课题内容——服务设计工具设计练习

课题时间：2课时

教学方式：以学校生活设定一个主题，绘制用户画像、用户旅程图、利益相关者地图、服务蓝图、服务系统图、商业模式画布、故事板，寻找存在的问题并提出修改设想；比如，以"选课"为主题，研究线上、线下选课过程中存在的问题。

要点提示：除了上述服务设计工具，还可以探索新技术的潜力，以加强服务设计工作；数字化工具可以丰富学生现有的工具箱，方便学生在组织内采用服务设计；优秀的软件可以更好地帮助学生完成服务设计框架。

教学要求：

（1）针对项目服务设计目标和整体框架进行设定；

（2）针对项目的利益相关者进行洞察和访谈；

（3）针对用户洞察中的相关数据建立用户模型；

（4）思考如何进行原型设计及测试，测试哪些触点。

训练目的：通过工具的使用，让学生更科学系统地对目标用户诉求进行挖掘和研究，对设计主体内核进行探索和梳理；可以将别人看不到的东西可视化、表达并编排出来，设想那些还不存在的解决方案；同时，观察和解释需求和行为，并且将其转化为可能的未来服务。

2. 其他作业

学生基于自己的经验，与组员合作绘制旅游过程中某部分的系列工具图（包括但不限于本章所述的7个模块），结合问题卡片工具，挖掘创新机会，并且进行小组与小组之间的比拼汇报，相互交流学习。

3. 理论思考

查阅国外服务系统案例，并且汇总1~2套全面的工具图；思考国外设计师在研究服务概念的基础上，增加的后台运维的方案，考虑内部程序和系统在幕后需要做什么，外部程序需要做什么。

服务体验设计实践与赏析

第 5 章　chapter 5

辽西木偶戏非遗虚拟体验——"我有一个木偶朋友"	01
未来超市服务体验——"每食生活"	02
可触摸动物园服务体验设计——"触动"	03
数字化转型"赋能"一站式旅游服务——"趣蛇山"	04
数字文化 IP 整合设计"赋能"乡村产业融合创新发展——"八旗酒集"	05

■ 要求和目标

要求：让学生了解服务体验设计的实践流程，掌握赏析服务体验设计案例的方法。

目标：培养学生在实践中系统的认知，能够对服务体验设计流程中各环节有意识地进行把控。

■ 本章要点

服务体验设计的流程

服务体验设计的实践与应用

服务体验设计优秀案例的赏析

■ 本章引言

在前面的章节中，我们对服务体验设计的概念、思维模式及方法工具都有所学习，那么接下来如何将它们巧妙地运用到服务体验设计的实践当中是重中之重的；它们之间有着动态的交互联系，看似复杂，实则有规律可循。本章将通过对不同的服务体验设计案例的赏析展现服务体验设计的具体实践和应用。

5.1 辽西木偶戏非遗虚拟体验——"我有一个木偶朋友"

5.1.1 辽西木偶戏前期研究

1. 社会背景

非物质文化遗产（以下简称"非遗"）是指各族人民世代相传并视为其文化遗产组成部分的优秀传统文化表现形式，以及与此形式有关的实物和场所；如何用设计来传承且让更多人了解到非遗是目前较大的问题。

随着移动网络的不断进化，大众对线上社交有了新需求，虚拟社交产品也随之层出不穷。虚拟现实技术受到了越来越多人的认可，其模拟的环境与现实世界难辨真假，让人有种身临其境的感觉，用户可以在虚拟世界体验到最真实的感受；同时，线上游戏社交方式的流行、盲盒和手工DIY近年来的快速发展、快闪店与综合体验的升级、个性化小程序转发在年轻人中的普遍流行等，都促成了虚拟体验技术的进步。

2. 经济背景

随着中国经济的崛起，文化创意产业已经成为当下我国经济发展中新的增长点，并且作为其他产业的"助推器"一并促进了整体经济的发展繁荣。

改革开放的脚步不断加快，人们的生活水平也在日益提高。然而随着市场经济的发展，人们在追求利益最大化的同时，渐渐忽略了对中华优秀传统文化的保护，导致了目前国内许多民间艺术濒临绝迹。

可见，物质文明的高速发展是一把"双刃剑"，一方面使人们在不断追求物质上的富足的同时，忽略了精神文明的发展，更加忽略了对中华优秀传统文化的关注和保护；另一方面，快速发展的经济提高了人们的生活水平，改善了国内许多投资企业的经济状况，在投资发展民间艺术的同时，提高了人们对非遗的关注度，改善了许多民间艺术濒临绝迹的现状。

3. 技术背景

近年来，互联网技术迎来了新的发展。大数据技术为我国目前的非遗传承形式提供了新的方向。辽西木偶戏虚拟体验系统将重点放在如何有效传承非遗上，把线上虚拟社区和辽西木偶戏的文化内涵紧密联系在一起；运用大数据技术收集木偶戏的服装、表演剧目、木偶动作等。这为辽西木偶戏线上虚拟社区的建立提供了良好的技术支持。党的二十大报告指出："加快实现高水平科技自立自强。以国家战略需求为导向，集聚力量进行原创性引领性科技攻关，坚决打赢关键核心技术攻坚战。"非遗传承应借助科技手段，运用先进技术为服务设计赋能，提高服务设计的智能化水平。

用户体验这一理论在交互设计的领域中是相对系统和成熟的，近年也被引入产品设计和用户设计的领域，设计师应将这一理论和互联网技术等结合，与非遗、虚拟社区、虚拟现实技术、文化体验、文创等方面进行无缝衔接。

5.1.2 辽西木偶戏信息调研与洞察问题

在当下背景中，非遗的传承不仅仅是科普、介绍，更要用新颖的方式吸引年轻群体主动了解。

辽西木偶戏是中国最具代表性的木偶剧种之一，堪称世界一流的木偶表演艺术，需要人工操控，对不了解木偶更不懂得操控的人来说是一个难题。目前与非遗有关的线上虚拟体验社区具体落地实施的项目还比较少，且已有的线上非遗体验多以科普为主，注重用户体验的尤为缺乏。

1. 问题分析

（1）在现代娱乐的冲击下观看者日益减少。现代娱乐推崇快节奏，很少有人能静下心去剧场欣赏传统木偶戏。观看传统木偶戏的人大部分年龄较大；消费群体小，对传统木偶戏的需求也较少。

（2）缺乏优秀的木偶艺术表演者。对木偶艺术来说，木偶等表演道具及表演者缺一不可。但由于就业市场小、薪资低、关注度小、技术难学等多种因素，大部分年轻人都望而止步，传承者数量更是有逐年下降的趋势。

（3）木偶艺术表演者创新意识低。绝大多数的木偶艺术表演者都认为木偶艺术是传统民间艺术，若加入现代元素或自主改革创新则会令其失去原来的传统味道，因而他们在该方面的创新意识过于低下，甚少有木偶艺术表演者能够充分发挥现代多媒体等先进科学技术的作用来增强木偶艺术表演的新颖性。

（4）社会对非遗产品及其衍生品的消费习惯还有待形成。非遗项目的发展需要大众的消费支持，辽西木偶戏采用的传统制作工艺，耗时长、难度大，很难被大规模推广，与市场上同类型产品相比，竞争力小。

2. 情况调研

图 5.1 为调研实景图，团队经过大量实际情况调研，最终得出调研结果并进行数据分析。

3. 调研结果分析

（1）问卷调研。此次问卷调研采用了微信小程序线上问卷与线下纸质问卷结合的形式（见图 5.2），线上问卷主要针对对非遗感兴趣的在校学生、微信群用户等，线下纸质问卷主要针对广场及学校宿舍等人流较大的地方。

参与问卷调研的人大部分是 20 岁左右的大学生，虽然大部分没有观看过辽西木偶戏，但是对辽西木偶戏是感兴趣的，有渴望了解的心理；同时，对非遗和非遗类 app 也是比较感兴趣的。在与"沟通"有关的问题中，大部分参与调研的大学生认为沟通在日常生活中是非常重要的，且使用游戏互动功能进行沟通的人占大多数，他们希望沟通类 app 提供的功能中树洞和情绪记录占比较大。

（2）对现有非遗类 app 的分析。由于非遗越来越受到人们的重视，一些宣传非遗的文创产品应运而生，包括非遗类 app，例如，国内的"每口故宫""匠木""知遗"等都可以让人们了解相应的中华优秀传统文化，但是它们的主要功能是科普、介绍等，用户体验感不强，而且用户黏性也有待增强。

图 5.1　调研实景图

图 5.2　线上线下调研问卷数据统计图

5.1.3 "我有一个木偶朋友"服务体验设计方法分析

1. 设计说明及价值主张

针对辽西木偶戏亟待传承，以及年轻人没有社交平台抒发情绪这一现象进行的服务体验设计，采用辽西木偶戏的木偶形象，让用户创造自己的木偶朋友；把辽西木偶文化融入木偶的形象和功能，线上线下的陪伴，让用户更能把木偶朋友当作真实的倾诉对象，能在情绪治愈的过程中对辽西木偶戏产生兴趣，从而深刻了解辽西木偶文化，达到传承的目的。

该设计从服务体验的角度，挖掘辽西木偶戏的文化内涵，提出问题并加以解决，从而让年轻人了解并接触辽西木偶戏，通过这个 app 了解相应的文化；还可以通过制作自己的木偶朋友抒发自身的情绪，以此实现木偶朋友线上陪伴的状态，核心功能概述见图 5.3。

图 5.3 核心功能示意图

【"我有一个木偶朋友"核心功能演示】

其核心功能有以下几种。

① 用户可以进行木偶朋友形象 DIY，建立自己的理想型木偶朋友（零件挑选—组装—捏脸—换装）。

② 木偶朋友在线实时陪伴，用户可以和木偶朋友聊天、互做动作。

③ 用户分享积极的情绪可以增加亲密度，分享消极的情绪则减少亲密度，亲密度达到 100 可以获取 DIY 的木偶朋友的线下免费制作版；该版本以提线木偶形式，上方配置有音符按键，下方是木偶朋友，和线上 app 一样用音符带动动作，配有音乐，同时结合全息投影技术，达到线下陪伴的效果。

④ 以木偶戏的形式，以周为单位形成回忆视频。

⑤ 情绪记录打卡，用户可以记录每天的情绪，类似于日期打卡的形式。

⑥ 周边产品的售卖，用户以自己的木偶朋友形象可以定制周边产品。

⑦ 音符提偶，用户自定义木偶朋友动作，每一个音符代表一个动作，用户点击不同音符，木偶朋友就会做出不同的动作；木偶朋友还可以做出反映用户情绪的动作，并且生成 GIF/ 表情包。

⑧ 用户通过有关辽西木偶戏的知识问答、剧目观看，可以解锁木偶朋友的形象、服装、配饰等。

2. 利益相关者地图

从其利益相关者地图可以看出（见图 5.4），需求推动产出，从用户的需求与中华优秀传统文化传承的角度，推动与建立 app 形成供需，线上与线下的建立与周边厂商相互推动，投入产出形成利益循环，同时结合用户的个性定制产出。需求与效益作用于文化产业局，文化产业局反作用于需求与效益。app 的建立推动线上线下文化传播与体验，与需求形成闭环。

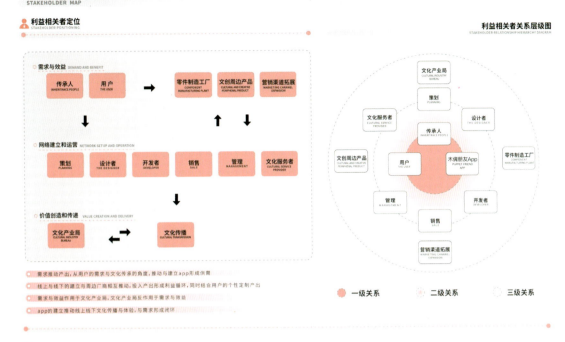

图 5.4 "我有一个木偶朋友"利益相关者地图

3. 用户画像

下面 3 类用户,代表了不同的用户人群,以下是他们的用户画像(见图 5.5)。

宅小孤,男,23 岁,某软件公司的 IT 男,性格内向孤僻,非常自闭,不愿与外界沟通,能够交心的朋友很少,唯一陪伴他的就是他最爱的电脑。孤僻不合群,是认识宅小孤的人对他最深刻的印象;大学三年,除了上课,他几乎每天宅在家里,不出门、不社交,班里的同学对他一无所知;对他而言,和他人沟通是一件极其困难的事。

高乐乐,女,20 岁,外向活泼的女高中生,但不会处理人际关系,所以和周边的同学关系不是很好。高中时代,如何和同学处好关系成为高乐乐最大的烦恼,一向率真活泼的她,却总是和朋友产生矛盾。她不愿把心事告诉父母,也不知和谁交谈,她希望自己可以被人喜欢,所以内心积压了很多情绪。

舟舟子,女,25 岁,事业型女白领,工作繁忙,极少参加娱乐活动,与同事相处融洽,但身边没有可以交心的朋友。工作之后的舟舟子,每天都被无数文件会议填满,对她而言,日复一日的生活仿佛被按下了循环键。她离开了家乡,与男友相隔千里,未来的不确定性让她压力很大,她想在这孤独的异乡找到属于自己的温暖。

■ 服务设计

● **用户画像**
USER PORTRAIT

图 5.5 "我有一个木偶朋友"用户画像

5.1.4 "我有一个木偶朋友"服务体验设计流程分析

1. 用户旅程图

接着，本案例分别对他们的用户旅程图进行分析，可以看到不同用户对 app 的使用感受（见图 5.6～图 5.8）。

● **用户旅程图**
USER EXPERIENCE MAP

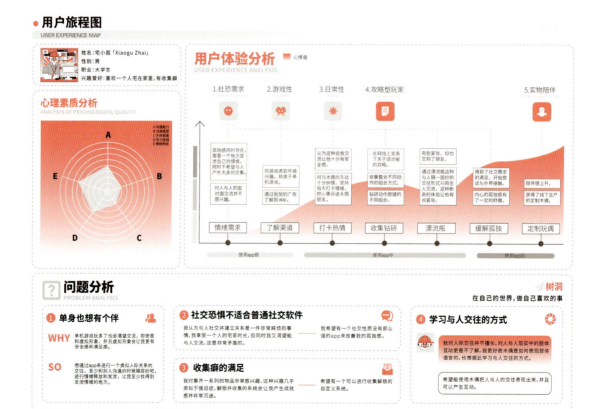

图 5.6 宅小孤的用户旅程图

图 5.7　高乐乐的用户旅程图

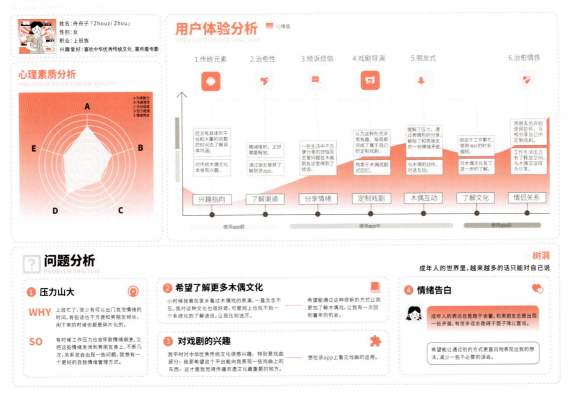

图 5.8　舟舟子的用户旅程图

2. 服务蓝图

最后，通过服务蓝图的示意，我们可以看出前台和后端的服务体验形式（见图 5.9）。

■ 服务设计

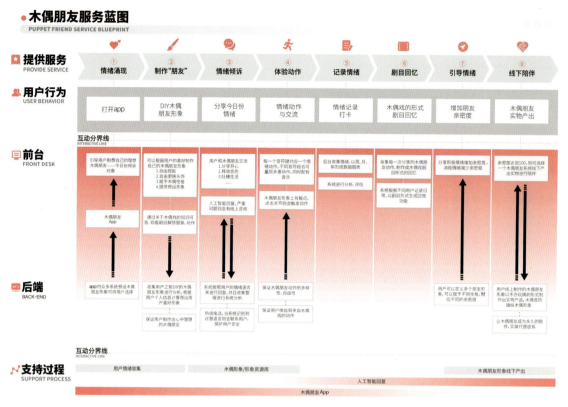

↑ 图 5.9 "我有一个木偶朋友"服务蓝图

5.1.5 "我有一个木偶朋友"服务体验设计创新及应用

服务体验设计创新及应用的具体作品展示（见图 5.10～图 5.21）。

↑ 图 5.10 木偶朋友 App 展示

图 5.11　线下陪伴功能展示

图 5.12　全息投影功能展示

■ 服务设计

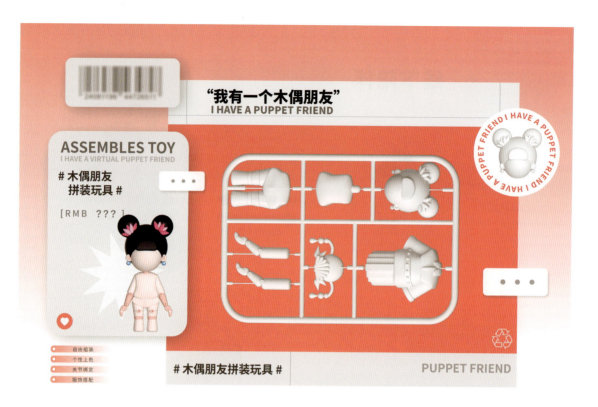

↑ 图 5.13 拼装界面展示

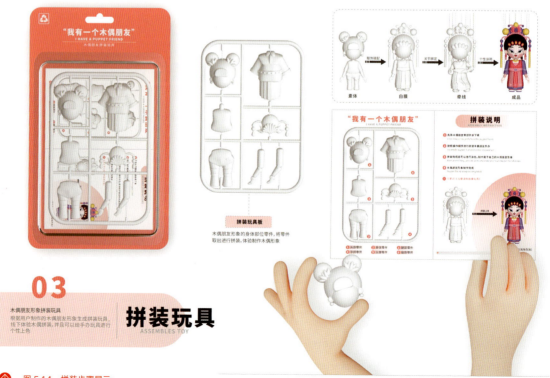

↑ 图 5.14 拼装步骤展示

图 5.15　情绪数据功能展示

图 5.16　形象定制功能展示

■ 服务设计

↑ 图 5.17　情绪动作功能展示

↑ 图 5.18　情绪私语功能展示

图 5.19 名牌收集功能展示

图 5.20 身份卡功能展示

服务设计

● **周边海报展示**
POSTERS SHOW

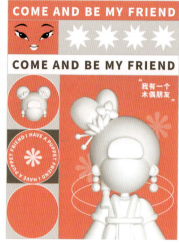

图 5.21　周边海报展示

【"我有一个木偶朋友"完整演示】

5.2　未来超市服务体验——"每食生活"

5.2.1　未来超市前期研究

当今社会，由于生活节奏加快，越来越多的人频繁出现营养不良、食物不耐受、过度肥胖等问题。然而，与此同时，人们往往会有三餐的选择、食材搭配、购物没有目的性，学习做饭困难等问题。超市服务的升级创新势在必行。饮食不健康会导致身体发育迟缓、水肿、皮肤弹性减弱、明显消瘦、消化不良、产生过度的保护性免疫反应，从而引发机体异常等问题。因此，人们越来越注意食材的搭配，营养搭配甚至已经引起了社会的重视。

1. 社会背景

当下，人们越来越关注并需要体验式生活，如茑屋书店、星巴克烘焙坊，人们去那里不仅仅是为了买一本书或喝一杯咖啡，更是为了在其中感受一种新的生活方式及消费体验。人们日常生活中最常去的超市，也更应该告别单纯的购物功能，形成一种新零售方式。放眼未来，超市将是用创意、体验、智能等构成的多元的生活综合体。人性化关怀、智能化管理、混搭经营、舒适的环境都将成为吸引人们去超市购物的必备条件。中国超市购物信息数据图从水果新鲜程度、多少人会找不到想要的商品、多少人会因工作忙碌而减少购物3个方面展示了中国超市情况（见图 5.22）。

图 5.22　中国超市购物信息数据图

2. 经济背景

随着市场经济的发展及人民生活水平的提高，人们的消费情况也大有改善，促使中国零售业飞速发展。生鲜超市作为零售业的一种典型代表，优势日益突出，产品销售占比逐年提高，它在人们心目中已经基本确立了购物方便、价格实惠的行业形象，成为人们居家生活中的主要购买场所。

另外，食品已成为百姓日常关注的焦点，采购渠道逐步多样化，但仍以农贸市场为主。而超市化与城市发展水平正相关，在"农改超"政策逐渐推进、永辉超市等线下生鲜超市及美菜网等线上生鲜电商市场渗透率逐步提高、新一代消费者消费偏好转变、外卖行业增速下滑、消费者在家做饭占比仍较大的背景下，超市渠道有望逐步提高占比。

3. 技术背景

一方面，近年来移动支付等新技术的发展给实体零售注入新动力，智能终端的普及及由此带来的移动支付、大数据、虚拟现实等技术的革新，进一步开拓了线下场景和消费社交，让消费不再受时间和空间制约。另一方面，高科技的发展，如智能机器人、工业大数据、人脸识别、室内定位、无人机、区块链等技术，使零售业主要环节效率得到提高。

超市类 app 功能分析：产品分类——提供产品分类和搜索导航服务，便于用户查询购买，节省用户购物时间；优惠活动——发布一些新的超市优惠活动；添加购物车——用户可以添加选定的商品，方便比价和购买；手机支付——可用微信、支付宝等线上支付，简化支付流程；留言反馈——为了提高服务质量，用户可以向商家反馈意见、建议、评价等；会员积分——常用的营销手段，消费过程自动更新积分，用户可查询积分等。

5.2.2　未来超市信息调研与洞察问题

随着生活节奏的加快和社会技术的发展，越来越多的人开始忽视饮食搭配、营养摄入，那么究竟是什么导致越来越多的人开始放弃去超市选购健康食材转而投向外卖或即食食品？

■ 服务设计

在当下社会背景中，一方面，对消费者而言，现有超市排队时间过长、食品新鲜度难以满足其需求、网购等待时间略长；另一方面，对超市而言，超市环境、购物体验达不到预期标准、竞争激烈，新品类新品牌不断冲击、跨行业巨头强势入侵，模式陈旧、商业模式转型难，供应链打造和改造难、运营乏力，大数据应用难，线上冲击、电商的价格和流量优势挡不住，低频消费，进店多、成交少、客单价不高，原材料上涨、运费上涨、租金上涨，成本攀升。

1. 问题分析

本案例通过对社会因素、习惯时间、蔬果营养成分因素、商品位置摆放因素等进行分析，得出解决方案（见图 5.23）。

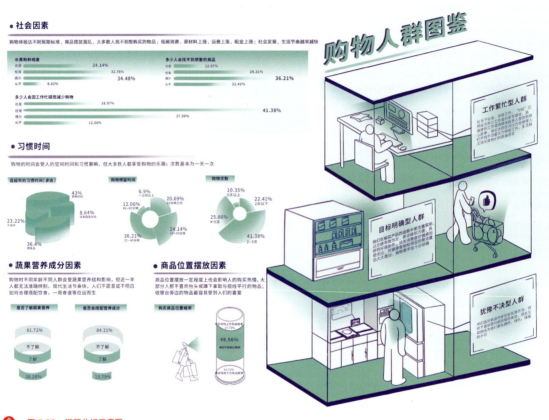

图 5.23 问题分析示意图

（1）线上线下的结合：有效整合线上线下的资源。

（2）忠诚度管理：越来越多的消费者在进行跨界消费，智慧超市的发展有必要形成一定的品牌效应，建立忠实的消费群体。

（3）基于智能应用建立智慧超市：避免盲目的概念营销，以智能技术的开发和应用为基础建立新型的智慧超市，实现对传统超市本质上的革新。

（4）供应链系统管理：智慧超市需要通过应用新的软硬件技术及科学系统的管理技术，实现对其自身的全面管控。

（5）高科技人才管理：运用各种方式来系统开发员工潜能，吸引高科技人才进入实体零售行业，摆脱传统超市用人素质较低的状况，营造一种共担共创共享的创业氛围。

（6）面向消费者：未来的智慧超市需要以消费者为中心进行设计与改造，以消费者感受为超市建设的指导，从而形成智慧超市的服务群体。

2. 情况调研

为了了解居民超市购物的真实情况，发现其存在的真实问题，本案例进行了线上线下的问卷调查（见图 5.24）。

图 5.24　调研问卷

3. 调研结果分析

此次调研一共收集了 200 多人的调查数据，并且对这些数据进行了整理与分析（见图 5.25）。

调研问卷一共设置了 8 个问题。从这 8 个问题的结果可以看出，大部分居民都认为超市购物是日常所需，然而超市目前的经营模式亟须升级创新。

社区团购是社区内居民团体的一种购物消费行为，是依托真实社区的一种区域化、本地化的购物形式，是通过社区商铺为周围居民提供的团购形式的优惠活动，促进商铺对核心客户的精准化宣传和消费刺激，实现商铺区域知名度和美誉度的迅速提高。

目前生鲜品类作为"高频 + 刚需"，是社区团购的重要流量来源。其运营模式主要是社区商铺提前一天在线上预售，居民提前在微信群、app、小程序下单，第二天就可以去社区团长处取货，这主要满足了家庭消费者购买生鲜的需求。

■ 服务设计

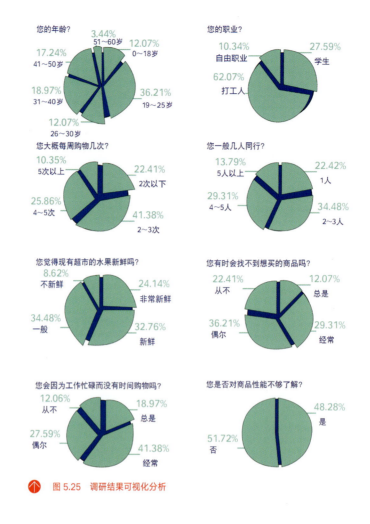

图 5.25　调研结果可视化分析

5.2.3 "每食生活"服务体验设计方法分析

1. 设计说明及价值主张

每食生活主要提供了在未来形势下人们购物的新形式，它将厨房超市连接，打造购物厨房一体化，使人们可以在厨房在线选购，网上预约，进行超市购物。

每食生活运用"平台＋管家"，实现智慧服务；其人性化关怀、智能化管理、混搭经营、舒适的环境都将成为吸引人们逛超市的因素。

每食生活从服务体验设计的角度，发现现代人生活中的不健康习惯，提出问题并加以解决，从而帮助用户建立健康良好的饮食习惯，并且促进用户与家人的营养摄取，使用户能够实时购物，以此实现智能超市购物模式。

2. 功能定义

每食生活对未来形势下超市的功能进行了新的定义（见图 5.26、图 5.27）。

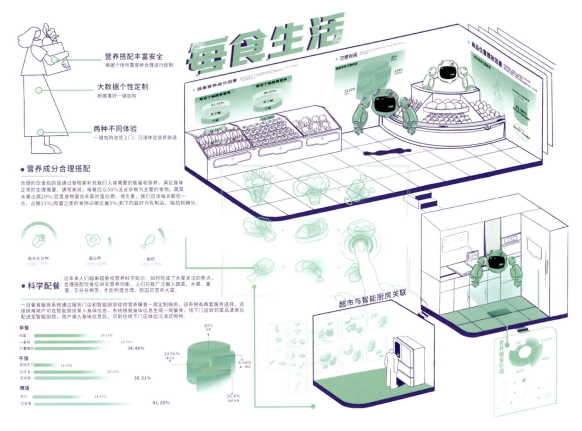

图 5.26　功能定义图（一）

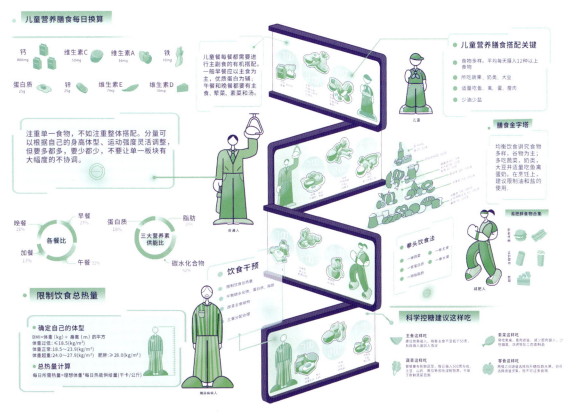

图 5.27　功能定义图（二）

3. 利益相关者地图

主要利益相关者包括外卖员、营养师、运营团队、农民、管理者、技术部门（见图5.28）。组织方面为现代居民提供服务帮助，包括农民为超市提供新鲜蔬果，营养师为用户提供合理膳食安排，运营团队为项目提供合理运营方案，技术部门对现有技术进行升级更新并开发新功能。

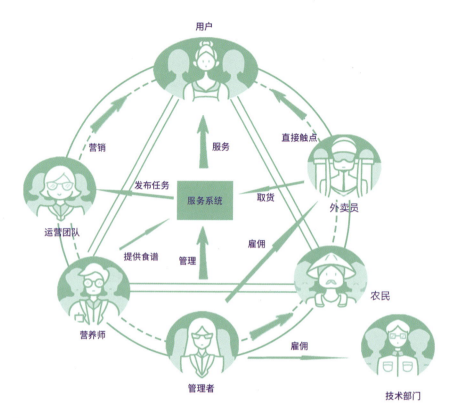

图 5.28 每食生活利益相关者地图

4. 用户画像

从调查问卷中团队得出了各类人群的现状及问题所在，因此对其中四类人作用户画像分析（见图5.29）。

栾上班，女，设计师，旅游爱好者，性格果断干练，独居女性，购物没有目的性，喜欢便捷的食品，一般会购买健康食品。

栾大爷，男，糖尿病患者，喜欢下棋，爱贪小便宜，不懂饮食搭配，喜欢囤积食物，喜欢清静环境，习惯早起去集市。

栾学生，女，学生，重度探店爱好者，性格活泼外向，购物分量较小，热爱尝试新事物，喜欢购买垃圾食品。

栾主妇，女，家庭主妇，有洁癖，热爱生活，有两个可爱的孩子，喜欢营养健康饮食，果蔬食品购入量大，喜欢研究儿童健康食品、绿色食品。

5. 商业模式画布

团队利用商业模式画布对整个智能超市的服务系统的运营模式进行分析，该商业模式画布主要分为9个板块，分别是重要伙伴、关键业务、价值定位、用户细分、用户关系、核心资源、渠道通路、成本结构和收入来源（见图5.30）。

栾上班　　　　栾大爷　　　　栾学生　　　　栾主妇

栾上班
性别：女
基本信息：设计师，旅游爱好者，性格果断干练，独居女性。
购物习惯：购物没有目的性，喜欢便捷的食品，一般会购买健康食品。

栾大爷
性别：男
基本信息：刚退休的大爷，患糖尿病，喜欢下棋，爱贪小便宜，不懂饮食搭配。
购物习惯：喜欢囤积食物，喜欢清静环境，习惯早起去集市。

栾学生
性别：女
基本信息：学生，重度探店爱好者，性格活泼外向。
购物习惯：购买分量较小，热爱尝试新事物，喜欢购买垃圾食品。

栾主妇
性别：女
基本信息：家庭主妇，有洁癖，热爱生活，有两个可爱的孩子，喜欢营养健康饮食。
购物习惯：果蔬食品购入量大，喜欢研究儿童健康食品、绿色食品。

图 5.29　每食生活用户画像

重要伙伴	核心资源	价值定位	用户关系	成本结构
盒马鲜生提供品牌影响力、食品安全保障及用户群体与供应关系 海尔集团提供技术支持，创新体系驱动 给项目带来资金资源、先进技术、管理经验，提升项目技术进步的核心竞争力和拓展国内外市场的能力，推动项目技术进步和产业升级	盒马鲜生的品牌影响力与海尔公司的生产力与技术 创意、设计的部分 **收入来源** 用户购买该服务的费用 公司投资 政府的扶持金	通过超市与智能厨房关联，帮助人们提高营养膳食的合理配比，实现智慧服务 使人们形成良好的饮食习惯，变得健康 通过收集用户的生活习惯，为用户搭配合理的每日膳食 对用户价值取向的发展趋势作出正确的判断； 对未来市场竞争趋势作出正确的阶段性预测	为用户提供权威的健康指南，帮助用户改善不健康的饮食方式 **渠道通路** app 智能厨房 虚拟助手 全息投影	开发虚拟助手所需要的费用 与营养专家和食品监督管理局合作的费用 全息投影技术开发的费用 智能化厨房的投入 与高技术开发人员合作和咨询顾问的费用
用户细分 任何人（所用人都可以用它来帮助自己搭配合理的每日膳食） 主要针对年轻人及一些患有疾病的中老年群体		**关键业务** 关注人们的食材选择，帮助人们营养膳食搭配，开启智能新生活 营养师提供营养膳食食谱，数据传输至服务门店并由其提供新鲜食材，用户通过VR屏幕学习并制作美味佳肴		

图 5.30　每食生活商业模式画布

5.2.4 "每食生活"服务体验设计流程分析

1. 服务系统图

未来超市服务体验系统总体通过服务门店、智能冰箱、VR 屏幕、运营团队、营养师等社会力量及政府支持提供服务（见图 5.31）。用户向智能冰箱输入基本信息，营养师据此提供营养膳食食谱，数据传输至服务门店并由其提供新鲜食材，用户通过 VR 屏幕学习并制作美味佳肴。

在整个系统中，用户可以通过自身数据定制每日营养膳食食谱，并且规避一些对自身健康有害的食物。整个系统由专业团队进行运营。在整个系统服务中，政府和投资方是资金的主要来源。

■ 服务设计

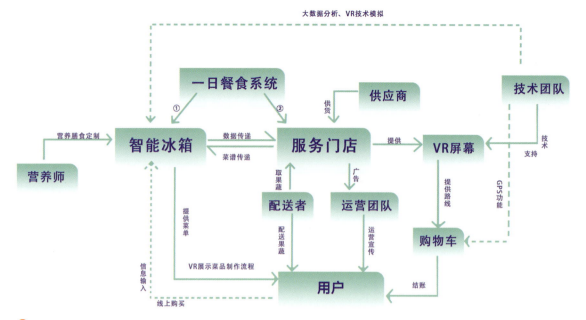

↑ 图 5.31　每食生活服务系统图

2. 用户旅程图

下面以栾上班为例，我们从中可以看到他使用 app 的感受（见图 5.32），也能分析出用户的一些痛点：购物没有目的性——普遍不知道自我的饮食需求，因此，购物选择上十分困难；没有充足时间购物——工作繁忙，没有时间规划，导致没有时间选购；做饭困难——生活学习压力较大，做饭时间被压缩。

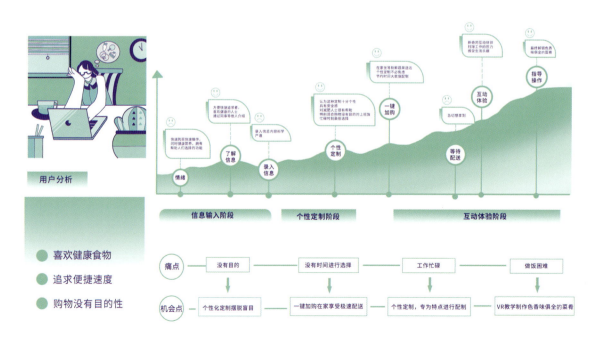

↑ 图 5.32　栾上班用户旅程图

3. 服务蓝图

以下是每食生活服务蓝图（见图 5.33）。

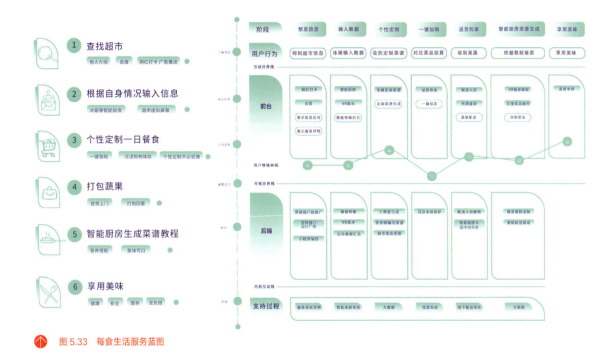

图 5.33　每食生活服务蓝图

5.2.5 "每食生活"服务体验设计创新及应用

服务体验设计创新及应用的具体作品展示（见图 5.34～图 5.36）。

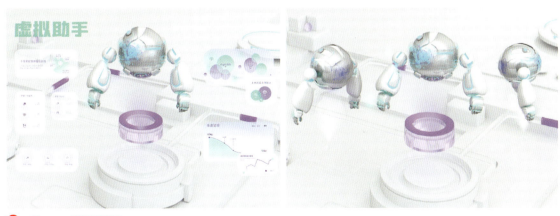

图 5.34　虚拟助手展示

■ 服务设计

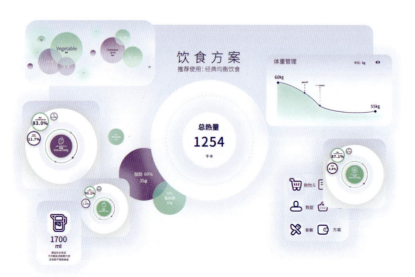

图 5.35　界面设计展示

【"每食生活"演示】

↑ 图 5.36　虚拟空间应用

5.3　可触摸动物园服务体验设计——"触动"

5.3.1　可触摸动物园前期研究

前期研究主要是从社会背景、经济背景、技术背景 3 个方面对大连森林动物园进行分析（见图 5.37）。

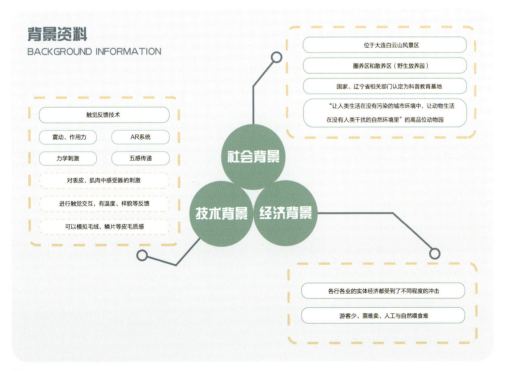

↑ 图 5.37　背景资料示意图

1. 社会背景

大连森林动物园位于大连白云山风景区内，占地面积 7.2 平方千米。森林动物园主要分为圈养区和散养区（野生放养园）两部分；2000 年以来被国家、辽宁省相关部门认定为科普教育基地。环境保护专家称，这是一座"让人类生活在没有污染的城市环境中，让动物生活在没有人类干扰的自然环境里"的高品位动物园。

2. 经济背景

近年来，国内外经济环境变化凸显，各行各业的实体经济都受到了不同程度的冲击。森林动物园也面临着游客少、票难卖、人工与自然喂食难的窘迫境地。相较于其他行业，动物园产业主要提供的服务就是身临其境的体验感和互动感，而这一服务性质也决定了其想要谋求自救的出路：创新技术，通过虚拟方式还原人类与动物之间的真实互动体验。

3. 技术背景

触觉反馈技术，即通过作用力、震动等一系列动作为用户再现触感。这一力学刺激可应用于计算机模拟中的虚拟场景或虚拟对象的辅助创建和控制，以及加强对机械和设备的远程操控。

触觉反馈技术通过硬件与软件结合的触觉反馈机制，来模拟人的真实触觉体验。人体感受机制复杂，从感受输入的角度，大致可以分为对表皮、对肌肉中感受器的刺激两类。

对表皮的刺激就是我们通常所说的震动刺激，以及给予类似于材质感的刺激；对肌肉中感受器的刺激，即利用电极对手臂上的肌肉施加电脉冲，电极会控制特定的肌肉，令手部肌肉产生反向拉力，从而产生一种力的反馈。

5.3.2 可触摸动物园信息调研与洞察问题

大连市经济发展程度越来越高，人们的生活节奏也不断加快，然而大连森林动物园却没有跟上时代的步伐，存在着急需改善的问题：入园游客少，效益低下；观赏时互动单一，缺乏亮点；地图路线复杂，导视图不清晰。

1. 问题分析

通过问题分析，改善环境，扩大宣介，是提高游客入园率的重要手段和措施（见图 5.38）；主要是通过软、硬环境建设和改善，扩大国内外大连森林动物园品牌推介范围，形成世界一流、有大连特色的森林动物园。

目前大连森林动物园游客与动物互动少，对此，团队提出利用 AR 和触觉反馈技术做出虚拟动物，实现游客在动物园内就可以"触摸"到野生动物的新转变。

对动物园难以吸引游客兴趣这一问题，团队提出云上领养服务项目，游客来动物园打卡，可选择喂养或用积分来"领养"自己心仪的野生动物。

同时，团队在园内创新方面提出使用积分手环，与 app 结合，游客可以去景点打卡积分，也可以将手环作为门票，还可以使用其中的 GPS 定位功能，为自己导航，解决了园区内路线复杂、导视图模糊的问题。

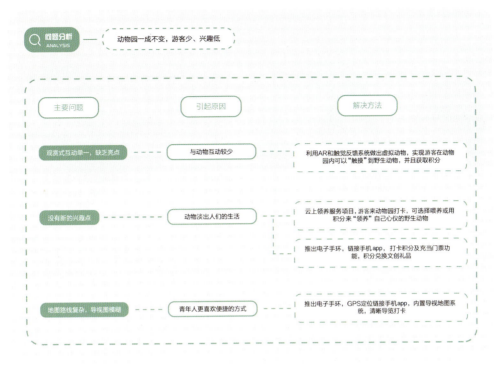

图 5.38　问题分析示意图

2. 情况调研

首先，团队进行了线上电子问卷调查（见图 5.39）。

第1题：您的性别 [单选题]

选项	小计	比例
男	11	40.74%
女	16	59.26%
本题有效填写人次	27	

第2题：您的年龄 [单选题]

选项	小计	比例
0～18岁	2	7.41%
19～25岁	19	70.37%
26～35岁	1	3.7%
36～50岁	5	18.52%
51～65岁	0	0%
65岁以上	0	0%
本题有效填写人次	27	

第3题：您的身份（职业） [单选题]

选项	小计	比例
学生	20	74.07%
上班族	6	22.23%
自由职业者	0	0%
家庭主妇/主夫	0	0%
退休	0	0%
其他 [详细]	1	3.7%
本题有效填写人次	27	

第4题：去动物园的频率 [单选题]

选项	小计	比例
一个月至少一次	0	0%
半年至少一次	3	11.11%
一年至少一次	7	25.93%
很少，几乎不去	17	62.96%
本题有效填写人次	27	

第5题：如果您经常不去动物园，原因是 [多选题]

选项	小计	比例
对动物不感兴趣	5	18.52%
门票价格不合理	4	14.81%
动物园内部环境因素	5	18.52%
其他 [详细]	16	59.26%
本题有效填写人次	27	

第6题：是否注意阅读动物说明牌 [单选题]

选项	小计	比例
是	16	59.26%
否	2	7.41%
偶尔	9	33.33%
本题有效填写人次	27	

第7题：您认为依靠动物园这种方式有利于保护动物吗? [单选题]

选项	小计	比例
非常	3	11.11%
一般	20	74.07%
否	4	14.82%
本题有效填写人次	27	

第8题：您会主动投喂野生动物吗 [单选题]

选项	小计	比例
是	10	37.04%
否	17	62.96%
本题有效填写人次	27	

第9题：您觉得动物园内馆舍位置安排是否合理 [单选题]

选项	小计	比例
是	17	62.96%
否	10	37.04%
本题有效填写人次	27	

第10题：您更喜欢哪种动物园 [单选题]

选项	小计	比例
传统动物园	3	11.11%
野生动物园	21	77.78%
有表演项目的动物园	3	11.11%
本题有效填写人次	27	

第11题：您对动物园有何期望 [填空题]

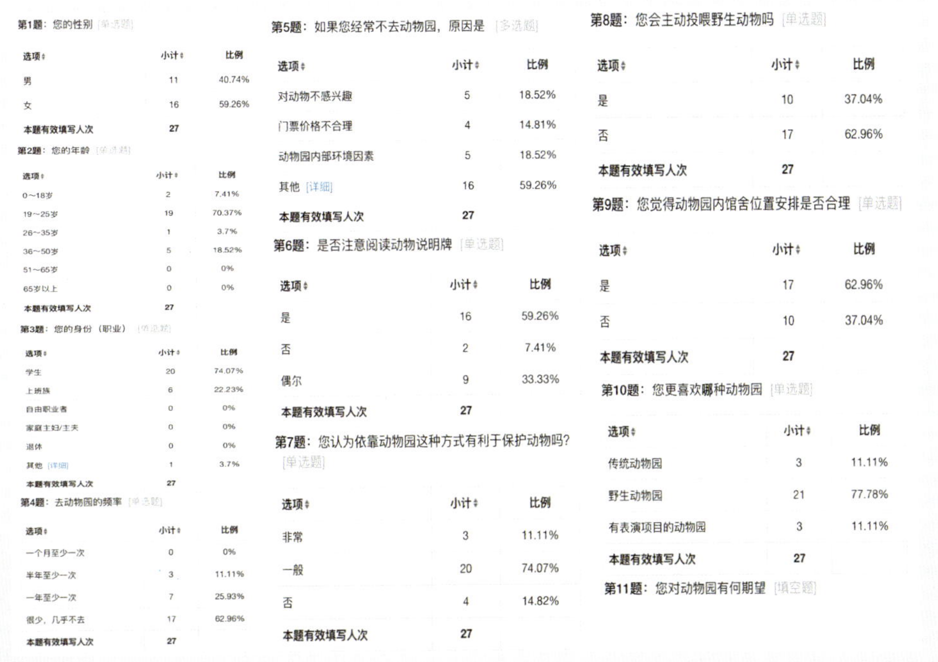

图 5.39　线上电子问卷界面

■ 服务设计

其次，团队分别进行了线下用户访谈及现场调研（见图 5.40～图 5.42）。

↑ 图 5.40　线下用户访谈

↑ 图 5.41　现场调研实景

↑ 图 5.42　线下问卷照片

3. 调研结果分析

对动物园调查问卷数据饼状图进行分析，选择上班族、学生、退休人员 3 个类型的受众（见图 5.43）。女士占比 59.3%，男士占比 40.7%，年龄段分别选取 4 个年龄段。在受众喜欢的动物园种类的调研中，11.11% 的人喜欢传统动物园，77.78% 的人喜欢野生动物园，11.11% 的人喜欢有表演项目的动物园；去动物园的频率中有 11.11% 的人半年至少去一次，25.93% 的人一年至少去一次，62.96% 的人很少去、几乎不去；在不去动物园的原因中门票价格不合理、对动物不感兴趣、动物园内部环境因素占比分别为 14.8%、18.5%、18.7%，其他原因占比 48%。

在动物园的诸多因素影响下，良好的游玩体验对游客来说已经成为一种奢侈，只有让更多的人了解动物、认识动物，增强动物园观摩的趣味性，才能提高游客参与度，让观光更生动，让旅程更独特，让印象更深刻，这成为服务改造的切入点。

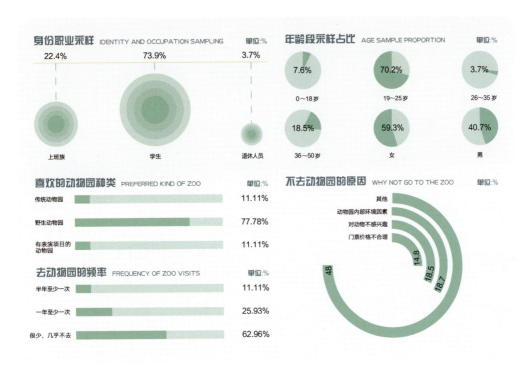

↑ 图 5.43 线上线下调研问卷数据统计图

5.3.3 "触动"服务体验设计方法分析

1. 设计说明及价值主张

本设计全名为可触摸动物园服务体验设计——"触动",主要依据大连森林动物园的自身条件,把 AR 技术与 app 结合,基于该地的经济基础、人口条件,提高景区的知名度;主要实现了关于大连森林动物园的虚拟触摸、AR 领养及一套完整的 app 导视设计。

本设计针对现有的大连森林动物园与动物互动少、园内缺乏创新等问题提出大连森林动物园智能 AR 服务设计计划,通过一整套全新的服务设计,以 app 等为载体提供高质量服务,实现云触摸,对五感进行改造设计,如对毛绒、鳞片等的质感进行模拟,有触觉反馈,满足游客的好奇心,变相提高动物园知名度。

2. 功能定义

具体功能如图 5.44 所示。

3. 利益相关者地图

以大连森林动物园智能 AR 服务设计系统(以下简称"AR 设计")为中心,利益相关者为市场、游客和社会(见图 5.45)。

■ 服务设计

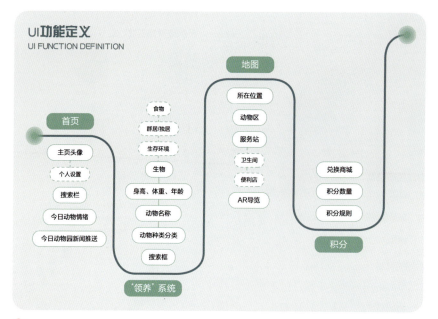

图 5.44　触动功能定义图

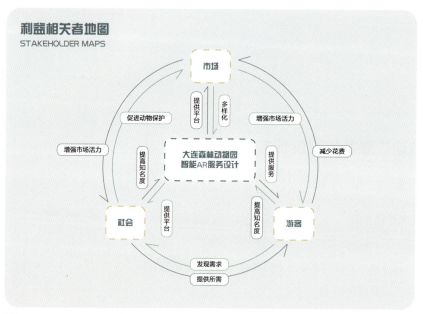

图 5.45　触动利益相关者地图

市场方面，大连森林动物园使用 AR 设计为游客提供多样化的便利条件，游客和社会均为市场增强了活力。游客方面，AR 设计为游客提供创新式体验服务，节省时间成本、旅游费用，规避了意外伤害等，游客的口口相传提高了市场的知名度，形成互利共赢的良性循环；社会方面，及时发现游客所需，为 AR 设计提供传播途径，同时在市场的作用下，促进对动物的保护，推动社会的经济发展。AR 设计不但为市场提供了更具创意的宣传平台，跟随社会经济大环境也解决了游客花费多、体验不佳等问题。

　　服务设计理念：为游客提供精准服务，在社会上提高知名度，为市场提供新型销售平台。

游客动机：为社会提供资源需求，增强市场活力，为动物园提高知名度。

市场目的：市场结构多样化，促进动物保护，减少游客花费，为游客提供多样化的选择。

4. 用户画像

经过分析各类人群的现状及问题所在，本案例选取其中三类人进行用户画像分析（见图5.46）。

张青春，男，13岁，初中生；对动物园不感兴趣，也没有了解，由于学校组织集体游玩，被动参与；性格叛逆，处在追求与众不同的青春期，爱好小众，有猎奇心理且有表现欲，想在同学面前彰显自己的勇敢，对新鲜事物很感兴趣；希望以往的动物园有所改观，有新奇的体验、新的知识，让人在其中获得意想不到的感觉。

徐小孩，男，5岁，学前班；从小对动物感兴趣，有一定了解，好奇心与玩乐心驱使，爱看《动物世界》《荒野求生》；家里养了5条狗，梦想和动物们打交道，成为朋友；对野生动物格外感兴趣，喜欢的野生动物有蛇、变色龙、狼、老虎；希望顺利完成动物园全套流程，打卡所有动物，挑战高积分并兑换到心仪礼品。

杨美丽，女，21岁，大学生；对动物园感兴趣，但没有了解，由于失恋，学业压力大，希望寻求治愈；摸到毛茸茸的东西心情会变好，喜欢长相可爱的东西，想拥有一只自己的猫，但是没有机会；富有爱心，坚持在蚂蚁森林种树；喜欢企鹅、北极熊、熊猫，失恋过后内心急需拥有感填补，"领养"一只可爱的北极熊或许能让她得到帮助。

故事板可以呈现用户使用功能的过程（见图5.47）。

图5.46 张青春/徐小孩/杨美丽用户画像

■ 服务设计

↑ 图 5.47　张青春 / 徐小孩 / 杨美丽故事板

5.3.4 "触动"服务体验设计流程分析

1. 服务系统图

该服务系统图主要由推广伙伴、系统特征、用户、app、消费定位等构成（见图 5.48）。

在整个系统中，各个环节都有它本身的规划，都是不可或缺的部分；从最开始对不同类型游客进行分析，再根据多重调研，了解用户需求后，进行系统的整合并设计适合且让用户满意的新颖功能；提供精准的服务，深击用户痛点，主打推出 AR 触控技术及 AR 云领养等多重技术，提高用户热情。根据不同的消费人群，我们设计出最为合理的 app，服务游客及各类消费人群。每一个环节循环运作，不断更新，势必为所有的用户提供全身心愉悦的最佳 AR 服务体验。

2. 用户旅程图

根据张青春用户旅程图可见（见图 5.49），少年群体（以张青春为代表）对动物园没有兴趣，不想了解，因为学校的组织活动，被迫游览动物园；只对新鲜事物感兴趣，有表现欲，想在同学面前彰显自己。用户旅程主要路线：不了解，不想了解；没什么计划，但对一些猛兽有点兴趣；觉得开始有趣了；AR 触摸，全息领养，对动物园的兴趣大大提升；想买帅气的动物手办，对体验活动十分满意，开始对野生动物和野生动物保护产生兴趣。

根据徐小孩用户旅程图可见（见图 5.50），幼儿园群体（以徐小孩为代表）本身对森林动物园有感知、有兴趣、有愿望，但因为年龄小，不能实现独立游玩，需要家长助力完成。因此，团队需要通过制定简明的幼儿游戏路线方法，赢得家长认同，从而帮助幼儿实现游玩的目标。幼儿旅程主要路线方法：通过家长及亲友了解，解决困扰；通过日常获得积分手环，提升家长及幼儿欲望，形成向往体验、开心快乐的心态；当家长及幼儿接触到 AR 体验触摸时，激发他们的兴趣；改善周边文化纪念品买卖环境，给家长及幼儿留下美好回

图 5.48 触动服务系统图

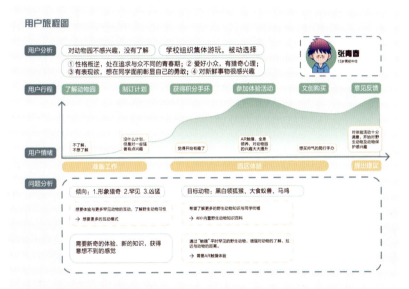

图 5.49 张青春用户旅程图

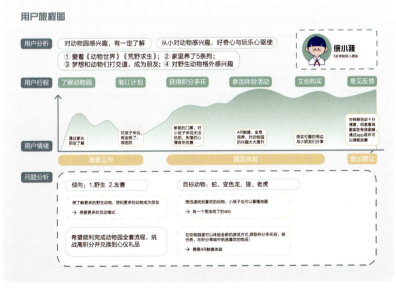

图 5.50 徐小孩用户旅程图

■ 服务设计

忆；设置意见反馈，对体验活动广泛征求改进意见，可以通过 app 或纸质表格进行互动，不断改善幼儿旅程路线方法，从而解决森林动物园观赏互动单一、缺乏趣味、路线复杂、导视模糊等问题。

其中与动物园有关的痛点：观赏互动单一、没有趣味、没有新的兴趣点。

根据杨美丽用户旅程图可见（见图 5.51），青年群体（以杨美丽为代表）对动物园感兴趣，但没有了解；失恋，学业压力大，寻求治愈，想拥有一只自己的猫，但是没有机会；富有爱心，在蚂蚁森林种树。用户旅程主要路线：之前去过，但不太了解；制订了比较完善的出行计划，规划好路线和时间；有点幼稚，不太想玩；AR 触摸，全息领养，对动物园的兴趣大大提升；购买了很多毛绒玩具；对体验活动十分满意，内心得到了治愈，或许以后可以再来。

其中与动物园有关的痛点：兴趣点单一，体验感不强。

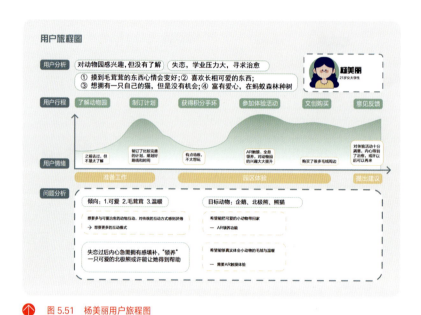

图 5.51　杨美丽用户旅程图

3. 服务蓝图

该服务蓝图主要由实体表现、用户行为、前台、后端、支持过程组成（见图 5.52），团队由此出发分析

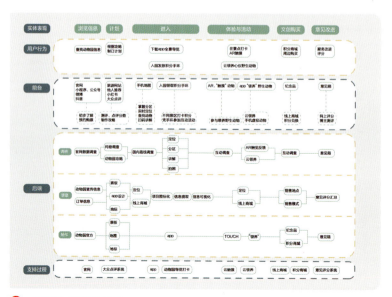

图 5.52　触动服务蓝图

出每一部分在体验过程中的问题并提供解决方案；通过设计出一套智能 AR 服务系统，提高动物园的知名度，激发人们对动物园的兴趣；针对现有的大连森林动物园游客与动物互动少、园内缺乏创新等问题提出大连森林动物园智能 AR 服务设计计划，通过一整套全新的服务设计，以 app 等为载体提供高质量服务，实现云触摸，针对五感进行改造设计，如对毛绒、鳞片等的质感进行模拟，有触觉反馈，满足游客的好奇心，变相宣传提高动物园知名度；云领养，利用 AR 技术实现全息投影，游客可以将自己喜爱的动物"带回家"；智能手环，提高游客的游玩乐趣，打卡积分可兑换园内礼品。

从游客的利益角度出发，AR 云触摸，即触觉反馈技术，为游客带来更新奇的智能体验；AR 云领养，让游客们在时间紧、压力大的当下，也能看到动物，舒缓心情。

与社会结合，社会市场可以提供宣传平台，动物保护组织可以向人们呼吁动物保护，将动物保护融入生活，共同维护人们的生活环境。

5.3.5 "触动"服务体验设计创新及应用

【触摸系统演示】

服务体验设计创新及应用的具体作品展示（见图 5.53～图 5.64）。

图 5.53 触摸系统

■ 服务设计

↑ 图 5.54　触摸互动区

↑ 图 5.55　触摸区域内部模拟反馈系统

↑ 图 5.56　触摸互动区细节展示（一）

↑ 图 5.57　触摸互动区细节展示（二）

↑ 图 5.58　触摸互动区细节展示（三）

↑ 图 5.59　触摸互动区细节展示（四）

↑ 图 5.60　触摸互动区细节展示（五）

↑ 图 5.61　AR 投影区域

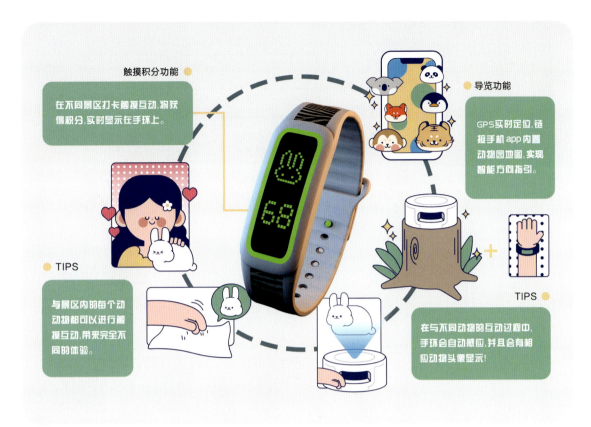

图 5.62 积分手环

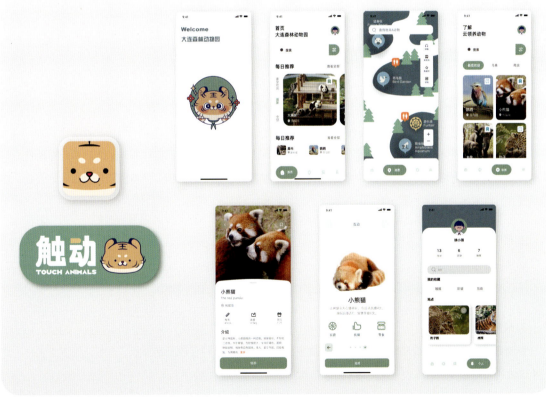

图 5.63 触动 UI 界面

■ 服务设计

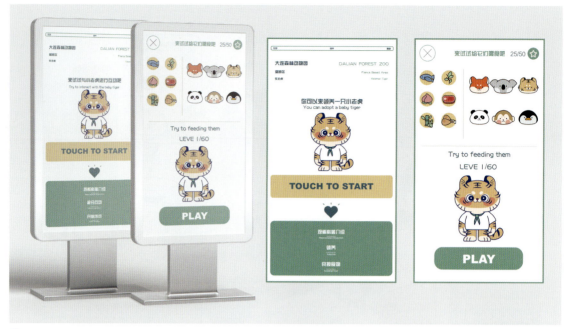

▲ 图 5.64　互动触摸屏

【"触动"界面演示1】　【"触动"界面演示2】　【"触动"完整演示】

5.4　数字化转型"赋能"一站式旅游服务——"趣蛇山"

5.4.1　蛇山沟村旅游服务前期研究

1. 社会背景

当下，人们越来越关注体验享受式生活，乡村旅游的发展得益于两个方面：第一，大城市一旦放假，景点就会人满为患，所以乡村旅游就成为分散人流的另一种方式；第二，随着健康饮食和生态农业的兴起，城市居民更愿意去农村体验生活，品尝生态食品，吃农家饭。

2. 经济背景

现代社会经济不断发展，劳动力需求越来越大，青年人口从乡村向城市转移，乡村衰落是一个客观事实；而改革开放使人们获得了物质财富，同时也改变了中国的社会结构和自然风貌。

3. 政策背景

推动经济社会平稳健康发展，必须着眼于国家重大战略需要，稳住农业基本盘、做好"三农"工作，继续全面推进乡村振兴、确保农业稳产增产、农民稳步增收、农村稳定安宁。

4. 技术背景

从中国农产品网络零售额的增长可以看出（见图 5.65），近年来，大数据、移动端技术的发展，给旅游

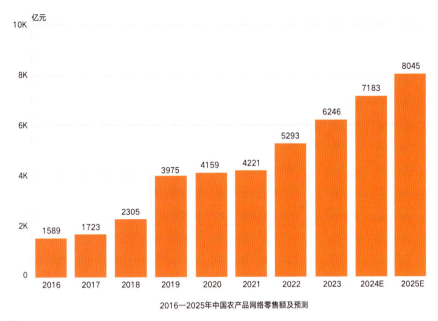

图 5.65　中国农产品网络零售额及预测　数据来源：艾媒咨询

产业和实体销售注入了新动力，信息技术给各种应用带来了无限的便利。"传媒＋电商"网络扶贫新项目依托直采直销公益性的扶贫产品特色销售渠道，销售来自全国各地的扶贫产品，带动乡村经济的发展。

5.4.2　蛇山沟村旅游服务信息调研与洞察问题

蛇山沟村是沈阳市的一个自然村，山清水秀，景色迷人，风景奇特；这里曾是法库的旅游胜地，村后群山环抱，村前小溪潺潺，地势西高东低，起源于东大岭的蛇山沟河穿村而过；三面环山一面临湖，形成了蛇山沟村独特的自然风貌，景色美不胜收。

团队通过个性路线定制与乡村品牌融合，激发品牌效应，并且结合实际情况不断补充、拓展完善其路线，使设计介入乡村生态旅游发展，打造宜游宜玩的旅游胜地，追寻那些散落在山水里的慢时光。

1. 问题分析

社会问题：经济落后，空心化严重；生产生活文化发展困境；村民生活水平低，工作机会少；运营乏力，大数据应用难，效率低。

人文问题：官方缺乏较为完整的旅游体系，宣传力度不够；农副产品没有自己的品牌 IP。

2. 情况调研

线上问卷调研如图 5.66 所示。

3. 调研结果分析

此次问卷调研采用了微信小程序线上问卷，主要针对在外务工人员的子女、职场女性等。自 2022 年 11 月 19 日至 2022 年 11 月 21 日，团队共发出 88 份调查问卷，有效填写问卷 86 份，以下为问卷调研结果（见图 5.67）。

■ 服务设计

第1题：您的性别 [单选题]

选项	小计	比例
男	23	26.74%
女	63	73.26%
本题有效填写人次	86	

第2题：您的年龄 [单选题]

选项	小计	比例
18~25岁	38	44.19%
26~30岁	4	4.65%
31~50岁	31	36.05%
51~60岁	5	5.81%
60岁以上	8	9.3%
本题有效填写人次	86	

第3题：是否在空闲时间旅游 [单选题]

选项	小计	比例
是	74	86.05%
否	12	13.95%
本题有效填写人次	86	

第4题：是否使用过旅游类app [单选题]

选项	小计	比例
是	47	54.65%
否	39	45.35%
本题有效填写人次	86	

第5题：是否有提前做旅游攻略的习惯 [单选题]

选项	小计	比例
是	77	87.5%
否	11	12.5%
本题有效填写人次	88	

第6题：是否认为做旅游规划重要 [单选题]

选项	小计	比例
是	78	90.7%
否	8	9.3%
本题有效填写人次	86	

第7题：通常旅游的出行方式 [多选题]

选项	小计	比例
自驾	29	33.72%
跟团	10	11.63%
两者都有	56	65.12%
本题有效填写人次	86	

第8题：旅游时喜欢购买什么产品 [多选题]

选项	小计	比例
农副产品	33	37.5%
文创产品	39	44.32%
数字藏品	9	10.23%
以上都有	32	36.36%
本题有效填写人次	88	

第9题：如果出行更愿意选择哪种游览方向 [多选题]

选项	小计	比例
观赏自然风景	75	87.21%
品尝特色美食	70	81.4%
体验民俗文化	58	67.44%
购买农副产品	17	19.77%
游览红色纪念馆	21	24.42%
户外运动	30	34.88%
本题有效填写人次	86	

第10题：对使用过的旅游类app有什么建议 [填空题]

↑ 图 5.66　线上问卷调研

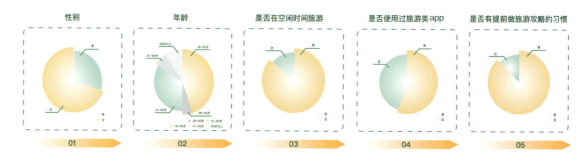

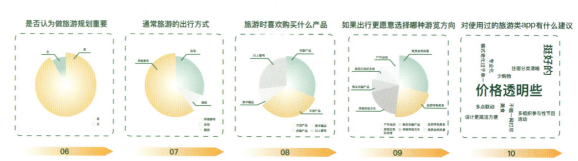

↑ 图 5.67　问卷调研结果

其中填写人大部分为女性，年龄大多分布在 18～25 岁，为学生和上班族，平时学习和工作压力较大，缺乏运动锻炼，想要逃离都市生活，追求自由；86.05% 的人会选择在空闲时间旅游，54.65% 的人都使用过旅游类 app，大部分人都有提前做旅游攻略的习惯，渴望旅行中有较为系统的旅游规划；不同年龄段的人的游览方向也有所不同，但观赏自然风景、品尝特色美食和体验民俗文化占主导，部分人也有购买农副产品、游览红色纪念馆和进行户外运动的意愿，所以，建造一个旅游一站式服务 app 是尤为重要的。

根据蛇山村旅游的特点，为方便游客出行，团队设计出线上小程序与游客互动，让游客更快捷方便地了解出行路线，满足游客需求。目前市面现有的旅游类 app，存在一些同质化问题——创新不足，界面都无大差别，排版相似；用户不够精准，目标群体看似很庞大，但不够深入，没有针对固有的消费人群，用户黏性弱。

5.4.3 "趣蛇山"服务体验设计方法分析

1. 设计说明及价值主张

这个项目的主题是"吉祥街道蛇山沟村户外旅游项目的体验及定制"，针对吉祥街道蛇山沟村旅游进行服务体验设计，搭建个性化旅游服务定制平台，为游客提供最佳出行路线，并且在游客体验过程中对当地的民俗文化、特产、风景名胜进行宣传并带动当地经济发展。"趣蛇山"服务体验设计，针对人群是各个年龄段的旅游爱好者，可以让制定户外旅游攻略更加便捷，让更多人愿意体验户外旅游。

旅游可以缓解工作和生活方面的压力，使精神得到彻底放松，开阔眼界，增长见识；通过旅游，人们可以观察到丰富的人文景观，了解各地的文化风俗、饮食习惯和宗教信仰。旅游业的发展可以促进该地区的人员、物流、资本和信息的流动，发展旅游业可以为社会提供大量的就业机会；另外，旅游业作为朝阳产业，具有产业结构和资源配置的导向功能。

2. 功能定义

（1）主要功能：该 app 的主要功能是为游客定制私人化的旅行路线，游客可以登录账号选择旅游需求，规划自己专属的旅游路线；村民可以通过使用 app 实现旅游景区的产销一体化服务。

（2）奖励机制：游客可以通过在旅行路线中的打卡照换取积分勋章，增强了旅行途中的趣味性。

（3）成就机制：游客完成一定数量的打卡及宣传活动，可以换取定制奖牌和勋章，通过抽奖的方式来兑换数字藏品。

（4）社交机制：游客在蛇山沟社区中拥有虚拟形象，可以通过打卡分享自己的旅游心得，还可以寻找线上的旅游伙伴。

（5）线上购物：游客可以通过线上店铺更全面地了解当地的农副产品、能量补给包及风俗文化衍生的非遗艺术品；这样可以做到即买即售，价格公开透明。

（6）辅助功能：游客可以实时查看当地气温天气数据，app 也会为其提供出行建议。

3. 利益相关者地图

核心利益相关者包括蛇山沟村民、游客和趣蛇山 App。3 个部分之间相互协作，相互配合。趣蛇山 App 为游客提供信息查找推送服务，为村民提供商业平台。游客为趣蛇山 App 和村民带来经济效益，村民

■ 服务设计

为其提供购物、住宿、饮食和路线等服务信息，为 app 完善农副产品、住宿、采摘活动及路线服务信息。

直接利益相关者包括政府部门、开发者、策划、销售和设计者。他们为整个系统提供技术、设计和资金支持；政府部门、开发者为 app 的研发提供资金支持，策划、销售和设计者为蛇山沟自然旅游风景区做宣传及服务等工作（见图 5.68）。

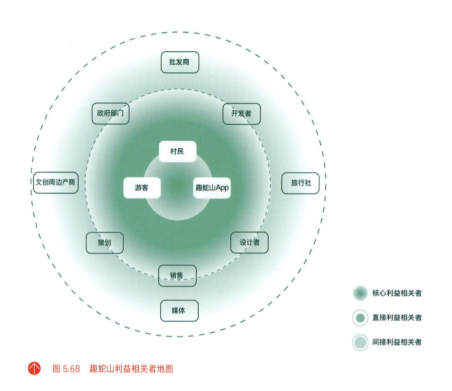

↑ 图 5.68 趣蛇山利益相关者地图

4. 用户画像

团队从调查问卷中选出了具有代表性的 4 位游客，他们来自不同年龄段、不同领域、不同职业，对旅游服务也有不同的需求，由此建立了用户画像（见图 5.69）。

翻山越岭冒险家，男，20 岁，来自辽宁沈阳；在生活中亲近自然，喜爱观赏自然风景，认为大自然具有心灵疗愈的独特作用；在旅途中追求挑战，总是不断超越自我，以此达到提升自己，获得成就感的目的；不拘小节，不会在意旅途中的细枝末节，不追求精致；但对路线选择不明晰，没有最优的探险方案，随身装备容易出现信号不好、电量不足等问题，可能会遇到一些安全问题。

宝藏打卡阿婆主（阿婆主，即"UP 主"，是指上传视频、音频或其他资源到视频网站、资源网站的人，也指弹幕视频网站中的投稿人。此处为谐音），女，22 岁，来自吉林长春；喜欢随时随地随手记录生活里的精彩瞬间，性格沉静内敛，在旅途中乐于探索；但作为旅游方面的阿婆主，为了使自己的博客更具有说服力，往往需要对一些数据进行收集和整理，需要更多的博客推广和宣传，不断地进行实地考察来尝试，找准自己的风格。

辛苦搬砖上班族，男，35 岁，来自辽宁大连；作为一个上班族，经济和生活独立，但在快节奏的生活中，为了获取更多资讯的同时，也养成了手机不离身的习惯；喜欢享受生活、追求美好事物，是一位文艺青年；由于工作压力大，需要通过旅游来调节生活节奏，但工作繁忙，在出游时间规划上有一定的限制，希望能有较为完备的短期旅行计划。

图 5.69　趣蛇山用户画像

　　健康休闲夕阳红，男，60岁，来自辽宁沈阳；子女陪伴时间少，经常感到孤独，喜欢通过广泛交友来充实自己；对乡村生活非常向往，对乡村生活有着独特的情结；但随着年龄的增长，体力体能成为限制他出行的主要因素，而老年群体普遍不会使用社交软件，因此找不到合适的同行伙伴。

5.4.4 "趣蛇山"服务体验设计流程分析

1. 服务系统图

在这个服务系统中,服务提供者主要为趣蛇山旅游服务平台、村民、设计者、政府/旅游公司、地图商和支付平台(见图 5.70)。服务流、信息流、资金流三者共同支撑趣蛇山旅游服务系统的研发和运营。

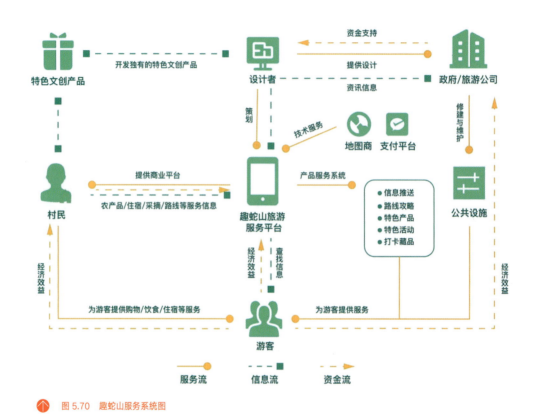

图 5.70　趣蛇山服务系统图

2. 用户旅程图

我们由用户旅程图分析可得出用户对前期旅游攻略的制定持消极态度,周边村落同质化问题严重,景点的宣传曝光量少,旅游导览信息不完善,官方没有系统的旅游体系,农副产品没有形成品牌,大数据应用难、效率低(见图 5.71)。

趣蛇山旅游服务系统通过挖掘特色主题旅游,打造蛇山沟村独特的旅游品牌,丰富景点宣传信息,打造详细规划与浏览攻略;使用全景地图展示与智慧导览系统化服务,将旅游路线和特色农产品、民俗文化文创一体化,打造蛇山沟村特有的 IP 形象;通过文化传播途径,实现"互联网+",设计网上交流平台。

3. 服务蓝图

该服务蓝图主要由服务阶段、用户行为、前台、后端、支持过程组成(见图 5.72),通过分析出每一部分在体验过程中的问题,提供解决方案。

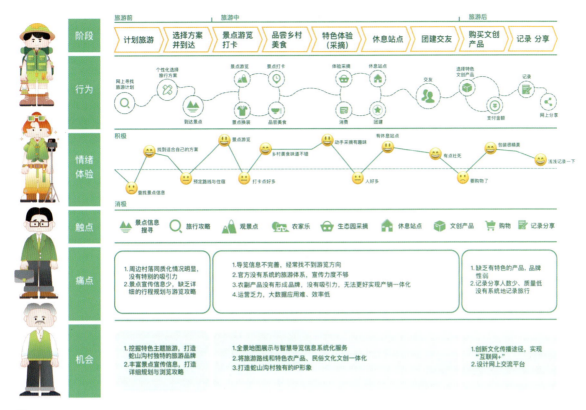

图 5.71 趣蛇山用户旅程图

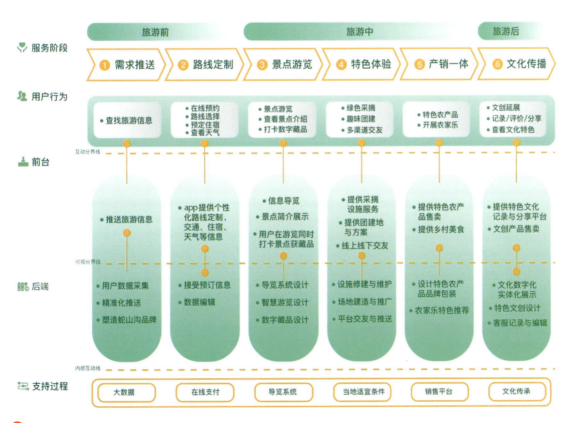

图 5.72 趣蛇山服务蓝图

服务设计

5.4.5 "趣蛇山"服务体验设计创新及应用

服务体验设计创新及应用的具体作品展示（见图 5.73～图 5.80）。

图 5.73　趣蛇山旅游线路设计

图 5.73　趣蛇山旅游线路设计（续）

■ 服务设计

Final Work|最终产出

蛇山沟村IP形象
IP image of Snake Mountain Village

根据蛇山沟村主要元素和特点,设计创作出符合蛇山沟村文旅品牌的IP形象,丰富了蛇山沟村文旅品牌的内涵,加大了推广力度。

/三视图
Three views

/应用场景
Application scenarios

↑ 图 5.74 趣蛇山旅游 IP 形象设计

图 5.75 趣蛇山旅游 IP 场景应用

■ 服务设计

↑　图 5.76　趣蛇山旅游景区打卡规划设计

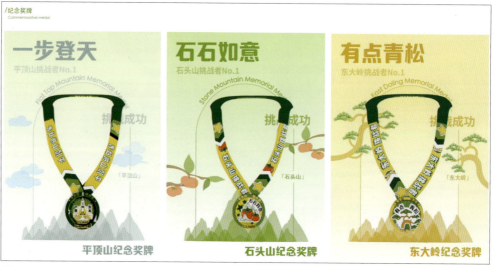

↑　图 5.77　趣蛇山纪念奖牌设计

/立体书
Pop-up book

↑ 图 5.78 趣蛇山立体书设计

/采摘包装盒
Picking box

↑ 图 5.79 趣蛇山采摘包装设计

■ 服务设计

↑ 图 5.80 趣蛇山 App 线上互动设计

【"趣蛇山"演示】

【趣蛇山 App 演示】

5.5 数字文化 IP 整合设计"赋能"乡村产业融合创新发展——"八旗酒集"

此案例见二维码。

【"八旗酒集"演示】

章节训练和作业

1. 课题内容——赏析与实践

课题时间：2课时

教学方式：教师带领学生分析本章设计案例，引导学生感受服务体验设计的系统流程，发表自己的观点；提出一个具体的项目，让学生独立思考，如何在实践中建立系统的流程架构。

要点提示：调研在整个设计流程中起着统领全局的作用；在前期调研中一定要深度挖掘项目的各类背景及当下现状，这将关乎痛点的精准定位，也就是整个项目的深层核心；在项目进行时要实时掌握用户的需求，这也需要大量的调研分析。

教学要求：

（1）要求能够赏析不同类型的优秀案例；

（2）掌握调研方法，能够清楚用户的物质情感需求并发掘痛点；

（3）学会应用服务体验设计的工具方法，并且能够反馈在实践中。

训练目的：让学生能够学会赏析，捕捉其中的亮点并加以吸收应用；在实践中不断加深对服务体验设计的内涵理解，从而在自身实践时能够快速地为整个项目的实施绘制出较清晰的蓝图。

2. 其他作业

教师可根据教学的侧重点，选择不同类型的服务体验设计案例来有意识地拓展学生在该领域的思维。

3. 理论思考

赏析喜欢的服务体验设计案例，提炼其创作思维模式及闪光点；找到感兴趣的项目，几人一组思考，试着为其做一套完整的服务体验设计。

参考文献

陈嘉嘉，2016. 服务设计：界定·语言·工具 [M]. 南京：江苏凤凰美术出版社．

陈嘉嘉，王倩，江加贝，2018. 服务设计基础 [M]. 南京：江苏凤凰美术出版社．

胡飞，2019. 服务设计：范式与实践 [M]. 南京：东南大学出版社．

李四达，2017. 交互与服务设计：创新实践二十课 [M]. 北京：清华大学出版社．

李四达，丁肇辰，2018. 服务设计概论：创新实践十二课 [M]. 北京：清华大学出版社．

王国胜，2015. 服务设计与创新 [M]. 北京：中国建筑工业出版社．

王国胜，2016. 触点：服务设计的全球语境 [M]. 北京：人民邮电出版社．

杨茂林，2019. 智能化信息设计 [M]. 北京：化学工业出版社．